Chilis

von Jan Rasche, Jan Riering und Timo Riering

2. Auflage, Dezember 2022

Impressum

Titelbilder
Vorderseite:
´Barra do Ribeiro` (Blüte), ´Trinidad Scorpion Butch T Yellow`

Rückseite:
´Minilil`, *Capsicum rhomboideum*

Seite 1:
´Georgia Flame`

Seite 2:
´Carolina Reaper`

Rasche, J., Riering, J. und Riering, T.
Chilis
Witten: Formosa-Verlag, 2022

ISBN 978-3-934733-14-5

© 2022 Formosa Verlag
Hevener Straße 18, 58455 Witten, Germany

Printed in Germany

Alle Rechte vorbehalten. Kein Teil des Werkes darf in irgendeiner Form ohne schriftliche Genehmigung des Verlages reproduziert, vervielfältigt oder verbreitet werden.

Vorwort

Chili – kaum ein anderes Gewürz, kaum eine Frucht oder ein Gemüse erfreut sich auf der ganzen Welt einer solch großen, nach wie vor wachsenden Beliebtheit.
In Mitteleuropa sind die scharfen Vertreter der Gattung Capsicum erst seit kurzer Zeit auf dem Vormarsch, doch mittlerweile hat sich auch bei uns ein richtiger Trend um die feurigen Früchte entwickelt.
In diesem Buch werden Sie entdecken, dass die Vielfalt der Chili und Paprika enorm ist. Es gibt die unterschiedlichsten Formen, Farben und Geschmacksrichtungen. Egal ob süß, pikant oder fruchtig, ob mild, würzig oder höllenscharf, bei der riesigen Sortenauswahl ist bestimmt für jeden Geschmack etwas dabei!

Drei Jahre nach der Veröffentlichung unseres ersten Werkes "Chili und Paprika" halten Sie jetzt das neue Buch in ihren Händen.
In den vergangenen Jahren konnten wir nicht nur neue Sorten, sondern auch Erfahrung und Wissen um unsere Lieblingspflanzen hinzugewinnen. Sehr fruchtbar war außerdem der rege Kontakt und Austausch mit anderen Chili-Begeisterten aus dem In- und Ausland.
Wie wir selbst ist unser Buch in den letzten Jahren gereift und gewachsen. Neben Wissen um die Geschichte und Botanik der Chili erhalten Sie eine ausführliche Kulturanleitung von professionellen Gärtnern, damit auch Sie Ihre eigenen Pflanzen in Haus und Garten heranziehen können. Wir wünschen Ihnen eine so reichhaltige Ernte, dass sie die Früchte womöglich nicht alle sofort verzehren können. Dieses Buch liefert pfiffige Verarbeitungs- und Rezeptideen mit, die oft nicht viel Aufwand bedürfen, um eine höllisch gute Sauce oder ein pikantes Gericht zu zaubern.
170 detaillierte Beschreibungen bieten ihnen eine reichhaltige Auswahl der besten Chili- und Paprikasorten und -Arten. Darunter sind sowohl bewährte Klassiker als auch exotische, Ihnen vielleicht noch völlig unbekannte Sorten, die aber in jedem Fall hochinteressant sind. Als besonderes Highlight lernen Sie auch die wilden Verwandten unserer Kulturchilis kennen, von denen einige vorgestellt werden.

Wir hoffen, Sie haben schon reichlich Appetit auf Schärfe entwickelt und wünschen Ihnen viel Freude beim Lesen und Erfolg beim eigenen Anbau!

Jan Rasche, Timo Riering, Jan Riering

Inhaltsverzeichnis

Wissenswertes über Chilis

Eine würzige Geschichte

Aus der heutigen Welt ist die Chili nicht mehr wegzudenken. Sie ist eines der beliebtesten und am weitesten verbreiteten Gewürze überhaupt und fundamentaler Bestandteil vieler Küchen rund um den Globus.
Doch wie ist der Mensch überhaupt auf die Sache mit der Schärfe gestoßen?

Ihren Ursprung haben alle *Capsicum*-Arten im tropischen Südamerika. Die Früchte wurden von Vögeln gefressen und durch sie über nahezu den ganzen amerikanischen Kontinent verbreitet. Während *C. annuum* sich bis nach Mittelamerika ausbreitete, beheimateten sich *C. chinense* und *C. frutescens* im Amazonasbecken, *C. baccatum* im Andentiefland und *C. pubescens* im Andenhochland. Schon vor tausenden von Jahren machten sich die Urvölker Südamerikas die Wildchilis zu nutze. Zunächst sammelten sie die wilden Beeren, aber schon bald selektierten sie die Chilis und betrieben damit erste züchterische Veränderungen. Wissenschaftliche Funde aus Ecuador belegen, das bereits vor 6100 Jahren Chilis existierten, die sich von ihren wilden Artgenossen unterschieden.

▲ Chili und Paprika sind unterschiedliche Bezeichnungen für die Früchte der Pflanzengattung *Capsicum*. Während unter dem Begriff Chili die scharfen Sorten zusammengefasst werden, sind die Früchte ohne Schärfe als Paprika bekannt.
Da die Schärfe in der deutschen Küche keine Tradition besitzt, sind es bis heute die massenhaft produzierten "holländischen" Gemüsepaprika, die am häufigsten angeboten und verzehrt werden.

Beim Gang durch den Supermarkt finden sich heutzutage immer häufiger Produkte mit Chilis auf der Zutatenliste. Selbst Schokolade wird mittlerweile mit Chili geschärft. Diese Idee ist allerdings gar nicht so neu, schon die Maya und Azteken wussten den Reiz dieser Kombination zu schätzen, indem sie Chilis ihrem Kakaogetränk beimischten. Die frühen Kulturen Amerikas kannten bereits etliche *Capsicum*-Sorten, die sie in großem Maße anbauten, verspeisten und damit handelten. Während die Sorten von *C. pubescens* und *C. baccatum* weiter in ihrem ursprünglichen Verbreitungsgebiet kultiviert wurden, haben sich die Kultursorten der übrigen Arten vor allem in Zentralamerika und der Karibikregion etabliert.

Ein neues Kapitel in der Geschichte der Chili begann, als Christoph Kolumbus 1492 nach Amerika kam. Er hielt die karibischen Inseln, auf denen er anlandete, zwar zeitlebens für Asien, aber für uns Chilifreunde ist entscheidend, dass er neben Gold und Silber auch Chilisamen zurück nach Europa brachte. Kolumbus verglich das neue Gewürz mit dem bereits bekannten Pfeffer, darum werden Chilis auch Pfefferschoten oder Spanischer Pfeffer genannt.

In Europa erfreute sich das neue Gewürz schnell großer Beliebtheit, denn Pfeffer war damals sehr kostbar und deshalb nur der Elite vorbehalten. Chilis konnten im Gegensatz zum Pfeffer, der ganzjährig tropisches Klima benötigt, in Südeuropa angebaut werden und waren somit auch der einfacheren Bevölkerung zugänglich. Unter anderem durch Mönche, die die Pflanzen in ihren Klostergärten kultivierten, verbreiteten sich die Chilis recht schnell über den europäischen Kontinent. Durch die rege Handelstätigkeit Spaniens und Portugals, durch Kolonialismus und Sklavenhandel wurden die Pfefferschoten schon bald über die ganze Welt verteilt. Ein gutes Beispiel dafür ist die Sorte ´Fatalii`. Nach Ende der Sklaverei in der Karibik gelangte die *Capsicum chinense* Sorte durch heimgekehrte ehemalige Sklaven auf den afrikanischen Kontinent. Der Begriff 'Chili' stammt wahrscheinlich aus der Nahuatl-Sprache der Azteken. In Mexiko und USA werden die Früchte Chile bzw. Chile Peppers genannt. 'Chili' bezeichnet dort ein Gericht.

▼ Bunt, pflegeleicht, ertragreich, scharf - Bei diesen Eigenschaften ist es kein Wunder, dass sich die Chili seit dem ausgehenden 16. Jahrhundert bis heute in Europa immer größerer Beliebtheit erfreut.

Der gerade bei *C. baccatum* häufig anzutreffende Begriff 'Aji' hingegen wird in Südamerika verwendet, ist aber auch einfach nur ein anderes Wort für Chilis. Ob in Amerika, in Afrika, in Süd- und Osteuropa oder in Asien, fast überall sind Chilis ein fester Bestandteil der dortigen Küche. In Indien entstand zum Beispiel die superscharfe 'Bhut Jolokia', in Italien zahlreiche Peperonis oder in Südostasien die 'Rawit' oder 'Thai-chili'. In Amerika gibt es unglaublich viele klassische Chili-Sorten, in Mexiko z.B. 'Jalapeño' oder 'Pasilla', in der Karibik verschiedenste superscharfe *C. chinense* wie 'Scotch Bonnet' und 'Trinidad Scorpion' und in den Andenländern zahlreiche 'Rocoto'- und 'Aji'-Sorten.

▲ **Zeichnung des" Langen Indianischen Pfeffers", entnommen aus dem New Kreuterbuch von Leonhard Fuchs aus dem Jahre 1543**

Heute werden in Mitteleuropa die Früchte der Gattung *Capsicum* hauptsächlich als "Gemüse" verwendet. Den meisten ist dabei wohl nicht bewusst, dass es die heute massenweise produzierten Blockpaprika erst seit Mitte des letzten Jahrhunderts gibt. Chilis gab es bereits im Mittelalter in Deutschland. Sie wurden oft lediglich als Zierpflanze, aber auch schon zum Verzehr angebaut. So beschrieb der bekannte Mediziner und Pflanzenkenner Leonhard Fuchs bereits 1543 in seinem „New Kreuterbuch" mehrere Formen von Chilis, von ihm "indianischer Pfeffer" genannt. Die Verwendung und Wirkung als Gewürz vergleicht er mit der des echten Pfeffers. Trotz ihrer langen Geschichte gehörte die Chili hierzulande noch lange Zeit nicht zum Kreis der alltäglichen Gewürze. Doch schon seit einigen Jahren macht sich ein immer stärkerer Trend zu Chilis und scharfem Essen bemerkbar. Es werden nicht nur immer mehr scharfe Soßen und Speisen im Handel angeboten, auch die Begeisterung, Chili und Paprika selbst heranzuziehen und zu verarbeiten, steigt ständig. Dank des Internets kann man mittlerweile spielend leicht auf eine schier unbegrenzte Auswahl an Sorten zurückgreifen.
Im Supermarkt finden sich meist nur die bekannte Block- und Spitzpaprika, Peperonis oder eingelegte Chilis. Seit einiger Zeit wird ein Chili-Mix in variabler Zusammenstellung flächendeckend vertrieben, in denen man auch ausgefallenere Sorten wie 'Habanero', 'Serrano' oder 'Rawit' findet.

In jedem Fall lohnt es sich über den Tellerrand zu schauen, denn Chilis sind nicht nur scharf. Dieser Eindruck ist schnell entstanden, wenn eine Standard-Peperoni aus dem Supermarkt probiert wird. Die Vielfalt der Sorten hat oft fantastische Aromen und sogar Fruchtnoten zu bieten. Manche duften regelrecht oder sehen so lustig und farbenfroh aus, dass sie fast zu schade zum Essen sind.

▲ **Chili und Paprika werden gerne als Gemüse bezeichnet, was aber aus botanischer Sicht so nicht richtig ist. Tatsächlich handelt es sich um eine Beerenfrucht.**
Übrigens werden aus lebensmitteltechnischer Sicht die Früchte von ein- oder zweijährigen, krautigen Pflanzen als sogenanntes "Fruchtgemüse" bezeichnet.

Chili-Schoten, Chili-Beeren?

Würden Sie sich wundern, wenn Sie im Supermarkt ein Paket mit Chilibeeren entdecken würden? Wahrscheinlich schon, denn Chilis sind ja Schoten. Und bei Paprika handelt es sich natürlich um ein Gemüse. Oder doch nicht?
Chilis, Paprika oder Pfefferschoten sind ein und dasselbe, nämlich Früchte der Pflanzengattung *Capsicum*, die zu der Familie der Nachtschattengewächse (*Solanaceae*) gehört. Sie sind damit eng verwandt mit Tomaten, Auberginen und Kartoffeln, die ebenfalls zu dieser Pflanzenfamilie gehören. Es ist ein weit verbreiteter Irrtum, dass es sich bei Chili und Paprika um ein Gemüse handelt. Tatsächlich handelt es sich aus botanischer Sicht um eine Beere und keine Schote. Und da eine Beere eine Frucht mit Samenanlage ist, kann es sich nicht um ein Gemüse handeln. Als Gemüse werden die vegetativen Pflanzenteile wie Blätter, Stängel, Knollen oder Wurzeln verstanden.
Eine Chilibeere enthält mehrere, in der Regel aber weniger als hundert, 1 - 2 mm große, flache, rundliche bis leicht nierenförmige Samen. Die Oberfläche ist bis auf wenige Ausnahmen glatt, die Farbe ist meist weißlich, es gibt aber auch Chilis mit schwarzen Samen.

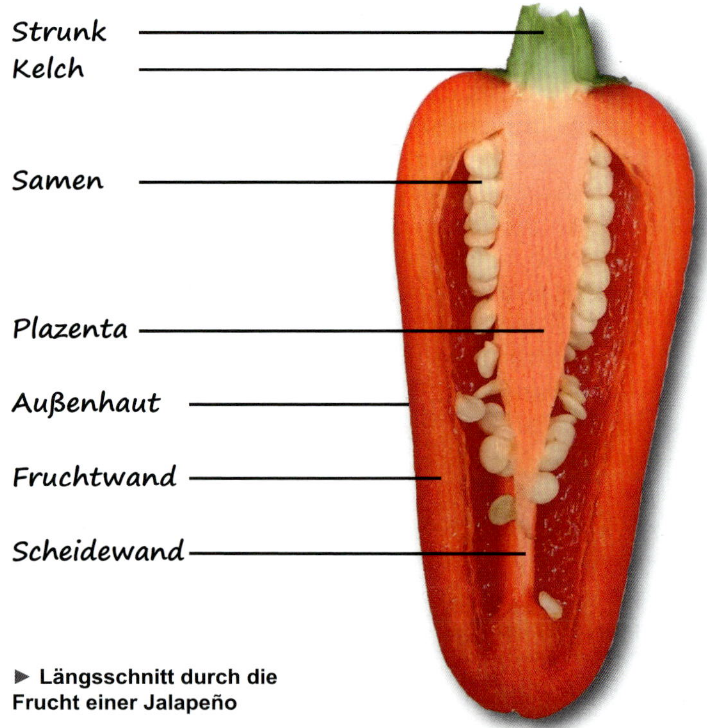

► **Längsschnitt durch die Frucht einer Jalapeño**

Die Frucht und ihre Samen dienen der Pflanze immer zur Vermehrung. Die Schärfe der Chilis spielt dabei eine besondere Rolle, denn sie fungiert als effektiver Fraßschutz. Sie hält Säugetiere, deren Verdauungsapparat die Samen schädigen würde, davon ab, die Früchte zu fressen. Vögel hingegen spüren die Schärfe nicht und dienen als effektive Samentransporteure. Sie fressen die Beere, aber die Samen werden nach relativ kurzer Zeit, gleich mit einer Portion Dünger dazu, wieder ausgeschieden und so viele Kilometer weit verbreitet. Wildchilis wie Chiltepin (*Capsicum annuum* var. *glabriusculum*) haben kleine, runde, leuchtend rote Früchte, die an langen Stielen aufrecht über dem Blattwerk stehen. Dadurch sind sie für Vögel schon vom Weiten gut sichtbar. Es ist sinnvoll, dass die unreifen Beeren grün sind, somit werden diese nicht so leicht entdeckt und ein vorzeitiges Fressen der noch nicht keimfähigen Samen wird verhindert.

Capsicum werden mehrere Jahre alt und sind nach botanischer Definition Halbsträucher. Dies bedeutet, dass ihre frischen, einjährigen Triebe krautig sind, die älteren, mehrjährigen Triebe hingegen neigen je nach Art unterschiedlich stark zum Verholzen. Sie sind zweikeimblättrige Pflanzen, ihre Blätter sind mehr oder weniger elliptisch und vorne zugespitzt, gestielt und ganzrandig. Die Blüten bilden sich immer an den Verzweigungen des Sprosses.

◄ **Blüte einer *Capsicum annuum***

Egal ob die Chilis später aufrecht oder hängend wachsen, die Blüten zeigen anfangs immer nickend nach unten oder zur Seite. Das schützt die Staubbeutel und die Narbe vor Regen. Bei manchen Sorten nickt die Blüte nur ganz am Anfang und richtet sich schon beim Öffnen auf. *Capsicum*-Blüten haben meistens 5 oder 6 Staubbeutel und ebenso viele Kronblätter. Es kommen allerdings auch Blüten mit mehr Blütenblättern vor. Sie sind meistens weiß bis grünweiß, bei manchen Arten und Sorten auch violett. Die Blüten sind zwittrig, das heißt weibliche und männliche Blütenorgane sitzen in einer Blüte. Zudem sind die Blüten selbstbefruchtend, es wird also keine zweite Pflanze für das Ansetzen von Früchten benötigt. Wenn man Chilis an windstillen Orten, beispielsweise dem Zimmer oder einem Wintergarten hält, ist es sinnvoll die Pflanzen während der Blütezeit öfters zu schütteln, damit der Pollen auf die Narbe der Blüte fällt und die Selbstbestäubung gut funktioniert. Die weibliche Narbe ist früher aktiv als die männlichen Staubbeutel, weshalb es leicht zur Fremdbestäubung mit anderen Sorten kommt. Soll dies verhindert werden, wird um einen Zweig mit ungeöffneten Blüten eine Papiertüte oder ein Teebeutel gebunden, so dass kein fremder Pollen hineingelangt. Auf diese Art und Weise ist sortenreines Saatgut garantiert, aus dem bei anschließender Aussaat wieder die ursprüngliche Sorte wächst.

▲ **Die Blüten der Chilis unterscheiden sich nicht nur in ihrer Färbung. Sie variieren ebenfalls in der Anzahl der Kronblätter.**

Kulturarten

Es gibt insgesamt 35 Arten in der Gattung *Capsicum*. Letztlich lassen sich aber alle Kultursorten auf nur fünf Arten zurückführen, die zum Nahrungszwecke angebaut und züchterisch bearbeitet werden. Diese möchten wir mit ihren charakteristischen Merkmalen auf jeweils einer Seite vorstellen:

C. annuum

Schärfegrad: 0-8
Es gibt sehr viele milde, aber auch scharfe Vertreter sowie alles dazwischen.

Herkunft: ursprünglich Mittelamerika, heute weltweit von allen Arten am meisten angebaut

Pflanze: großes Spektrum an Wuchshöhen und -formen, Blüten meist weiß, aber auch violette Färbung möglich

Frucht: hängend, gelegentlich aufrecht, sehr große Vielfalt
Sowohl die kleinsten Chilis, als auch die längsten, größten und schwersten Früchte zählen zu *C. annuum*.

Geschmack: süß und würzig, manchmal etwas bitter oder rauchig

Besonderheiten: Hierbei handelt es sich um die sortenreichste Art von allen, der sämtliche Gemüsepaprikas angehören.
Es wird zwischen der Varietät *annuum*, der alle Kultursorten angehören, und der Varietät *glabriusculum* (Wildform) unterschieden. Obwohl 'annuum' einjährig bedeutet, sind sie wie alle Chilis mehrjährig. Dennoch werden sie meistens einjährig kultiviert.

C. baccatum

Schärfegrad: 0-8, meistens scharf bis sehr scharf

Herkunft: Andenvorland, auch heute kaum woanders verbreitet

Pflanze: Charakteristisch für diese Art sind gelbliche Flecken um das Blütenzentrum und ziemlich große, breite Blätter. Die Pflanzen wachsen oft sehr hoch und verzweigen sich spät.

Frucht: Zu Beginn häufig aufrecht, mit zunehmender Reife hängend, sehr formenreich, von spindelförmig über mützen- bis hin zu seesternförmig, Oberfläche wachsartig glänzend

Geschmack: Ein so gar nicht an "normale Chilis" erinnernder Geschmack, blumig-fruchtiges, fast schon künstlich wirkendes Aroma, gelegentlich seifig

Besonderheiten: Es gibt zahlreiche Sorten, die dieser Art zugeordnet werden. Allerdings sind diese in Europa noch relativ unbekannt und werden überwiegend von Privatpersonen für den Eigenbedarf angebaut. Viele Sorten dieser Art werden als 'Aji' bezeichnet, was in Südamerika einfach nur 'Chili' bedeutet.

C. chinense

Schärfegrad: 0-10+, sehr selten mild, meist sehr scharf
Alle Schärfe-Weltrekorde gehen auf das Konto dieser Art!

Herkunft: tropisches Südamerika, heute auch viel in der Karibik

Pflanze: Die Pflanzen haben breite und etwas zerknitterte Blätter. Sie sind kräftig im Wuchs und können zu einem breiten, aber nicht sehr hohen Busch heranwachsen. Blüten weiß, sitzen zu mehreren in den Nodien der Pflanze. Ein Erkennungsmerkmal ist die Einschnürung des Blütenkelchs kurz über der Frucht.

Frucht: Meist hängend, rundlich bis spitz, oft mit runzliger, faltiger Oberfläche

Geschmack: Fast immer ein exotisch-fruchtiges, oft sehr intensives Aroma, welches bereits bei den aufgeschnittenen Früchten in der Nase sticht. Wird von einigen Menschen durchaus als aufdringlich empfunden.

Besonderheiten: Nach der sortenreichsten *Annuum*-Gruppe gehören die zweitmeisten Sorten *Capsicum chinense* an. Die Pflanzen produzieren die ganze Saison über kontinuierlich Blüten und Früchte.

C. frutescens

Schärfegrad: 6-8

Herkunft: Tropisches Südamerika, heute auch viel in den USA, Asien und Afrika

Pflanze: Die Pflanzen werden groß und haben dabei recht zierliche Blätter und Triebe. Ihre Blüte hat oft weißlich-grüne Blütenblätter und purpurfarbene Staubfäden. Die Blütenstiele sind lang und wachsen steil aufrecht.

Frucht: Die Früchte dieser Art stehen in der Regel an langen Stielen aufrecht, bisweilen nicken sie in die Horizontale. Sie sind klein, länglich geformt und rot gefärbt. Die Früchte lösen sich im reifen Zustand bei vielen Sorten leicht vom Stiel. Sie sind gerne weichfleischig.

Geschmack: fruchtig, würzig, manchmal auch etwas seifig, saftig

Besonderheiten: Aus dieser recht kleinen Gruppe von Sorten ragt zweifellos die weltweit bekannte 'Tabasco' heraus.
Capsicum frutescens lässt sich ziemlich leicht mit *C. annuum* verwechseln, mit der sie auch botanisch nah verwandt ist. Die ebenfalls genetisch nah stehende *C. chinense* hingegen lässt sich gut anhand der Blätter und Früchte unterscheiden.

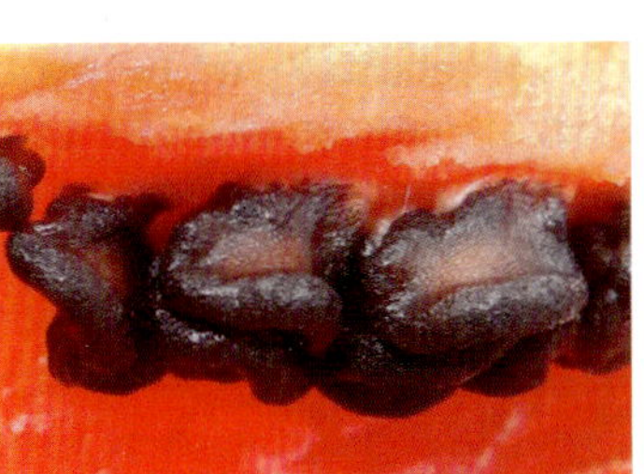

C. pubescens

Schärfegrad: 5-8

Herkunft: Andenländer, wo sie auch heute fast ausschließlich angebaut wird.

Pflanze: Die Pflanzen unterscheiden sich von den anderen kultivierten *Capsicum*-Arten am deutlichsten. Sie haben behaarte Blätter und Stängel und können bei mehrjähriger Kultur sehr groß werden. Sie wachsen hauptsächlich in die Breite und verzweigen sich recht früh. Die Blüten sind violett.

Frucht: hängend, recht groß, saftig, dickfleischig, von rundlicher Form. Erkennungsmerkmal sind die braunen bis schwarzen, rauen Samen.

Geschmack: leicht fruchtig, dezentes, ganz eigenes Aroma. Die hohe Schärfe verteilt sich im ganzen Mund und wird mitunter als kratzend empfunden.

Besonderheiten: Die überschaubare Anzahl an Sorten wird in Europa vor allem von Liebhabern dieser Art kultiviert. Sie vertragen als Hochlandpflanzen kühlere Temperaturen. Frost hingegen vertragen *C. pubescens* wie alle anderen Chilis nicht, auch wenn von manchen Quellen das Gegenteil behauptet wird.

▲ **Ein ganzer Korb voller *Capsicum chinense*-Sorten. Diese dekorative Farben-, Formen- und Größenvielfalt ist das Ergebnis gezielter Züchtung.**

Wildarten

Obwohl Chili und Paprika weltweit geschätzte und wichtige Nutzpflanzen sind, wissen die wenigsten etwas über die Vorfahren und Verwandten unserer heutigen Kultursorten. Die Welt der wilden *Capsicum* ist vielfältig, denn neben den fünf im vorherigen Kapitel genannten Arten mit wirtschaftlicher Bedeutung umfasst die Gattung nach heutigem Wissen noch weitere 30 Arten. Ein kleiner Teil der Wildarten wird in ihrer

Heimat wild gesammelt und sogar auf Märkten verkauft, vor allem sind hier *Capsicum praetermissum*, *C. cardenasii*, *C. eximium* und *C. chacoense* zu nennen. Zu größerer Bekanntheit hat es *Capsicum annuum* var. *glabriusculum*, auch 'Chiltepin' genannt, gebracht. In der Sonorawüste, in den südlichen USA und Mexiko, wird sie gerne von Hand gesammelt und kommerziell gehandelt. Die kleinen, scharfen Beeren gehören zu den teuersten Gewürzen der Welt, so dass es für viele Leute ein lohnender Nebenverdienst zu sein scheint, die kleinen Beeren mühsam in der Wüste zu finden und zu sammeln. Während von den kultivierten Arten *C. annuum* und *C. baccatum* definitiv Wildformen bekannt sind, findet man von *C. chinense* und *C. frutescens* immerhin wild wachsende, ursprüngliche Formen. Der 100 %ige Ursprung dieser beiden Arten ist aber nicht genau geklärt. Von *Capsicum pubescens* hingegen ist keine Wildart bekannt. Vermutlich haben sich durch die Jahrtausende lange Kultur und züchterische Bearbeitung durch den Menschen die ursprünglichen, wilden Formen mit den gezüchteten vermischt und sind so verloren gegangen.

Durch wissenschaftliche Untersuchungen lassen sich die Chiliarten in mehrere, genetisch einander zugehörige Gruppen einteilen. Besonders ist hier der *annuum-frutescens-chinense*-Komplex zu erwähnen. Diese drei Arten sind eng miteinander verwandt und lassen sich gut miteinander kreuzen. Es existieren einige solcher Hybridsorten, die bekannteste dürfte die 'Bhut Jolokia' sein. Während *C. chinense* sich optisch gut erkennen lässt, fällt die Unterscheidung von *C. annuum* und *C. frutescens* mitunter schwer. Immer wieder werden *C. annuum* Sorten als *C. frutescens* deklariert und umgekehrt. Zwischen genetisch weiter entfernten Arten, z.B. *C. pubescens* und *C. annuum*, ist hingegen keine Kreuzung möglich.

▼´Bhut Jolokia`, eine der bekanntesten Chili-Sorten, ist das Ergebnis einer natürlichen Kreuzung. Untersuchungen ihrer DNA haben ergeben, dass sie zum Großteil Erbgut der *C. chinense* aber ebenfalls Gene der *C. frutescens* enthält.

Die 35 *Capsicum* Arten sind nicht alle gleichzeitig entstanden, sondern haben sich mit der Zeit aus einem gemeinsamen Vorfahren entwickelt. Der Ursprung aller Chilis wird im zentralen Südamerika vermutet, in dem Gebiet von Südbolivien, Paraguay und Nordargentinien. Von dort aus wurden die Früchte von Vögeln über ganz Süd- und Mittelamerika verbreitet und haben sich im Laufe der Zeit durch die Evolution in die 35 heutigen Arten aufgeteilt. Eine Art hat es offensichtlich ganz besonders weit weg verschlagen, nämlich die *Capsicum galapagoense*. Wie ihr Name schon andeutet, kommt sie auf dem Galapagos-Archipel vor – und zwar aus-

Verbreitung der *Capsicum*-Arten

C. annuum:	Kolumbien bis in den Süden der USA
C. baccatum:	Argentinien, Bolivien, Brasilien, Kolumbien
C. caatingae:	Nordostbrasilien
C. caballeroi:	Bolivien
C. campylopodium:	Südbrasilien
C. cardenasii:	Bolivien
C. ceratocalyx:	Bolivien
C. chacoense:	Argentinien, Bolivien, Paraguay
C. chinense:	Nordbrasilien, Franz. Guyana, Suriname
C. coccineum:	Bolivien, Peru
C. cornutum:	Südbrasilien
C. dimorphum:	Kolumbien, Ecuador
C. eshbaugii:	Bolivien
C. eximium:	Argentinien, Bolivien
C. flexuosum:	Brasilien, Paraguay, Argentinien
C. friburgense:	Brasilien
C. frutescens:	Nordbrasilien, Franz. Guyana, Suriname
C. galapagoense:	Galapagos Inseln
C. geminifolium:	Kolumbien, Ecuador, Peru
C. hookerianum:	Südecuador, Nordperu
C. hunzikerianum:	Brasilien
C. lanceolatum:	Mexiko, Guatemala
C. longidentatum:	Nordostbrasilien
C. minutiflorum	Bolivien
C. mirabile:	Südbrasilien
C. parvifolium:	Kolumbien, Nordostbrasilien, Venezuela
C. pereirae:	Brasilien
C. praetermissum:	Zentral- und Südbrasilien, Paraguay
C. pubescens:	Bolivien, Peru (Hochland)
C. recurvatum:	Brasilien
C. rhomboideum:	Mexiko bis nach Kolumbien und Ecuador
C. schottianum	Brasilien
C. scolnikianum:	Peru, Ecuador
C. tovarii:	Peru
C. villosum:	Südbrasilien

schließlich dort. Botaniker sprechen hier von Endemismus, das heißt eine Art kommt nur in einem isolierten Gebiet vor. Eine weitere, sehr außergewöhnliche Chili ist *Capsicum lanceolatum*. Sie wächst in den Nebelwäldern Guatemalas und sieht mit ihren langgestreckten Blättern und hängenden Blüten nicht gerade so aus, wie man sich eine Chili normalerweise vorstellt. Auch haben ihre Früchte einen ungewöhnlichen Geschmack und keinerlei Schärfe. Anscheinend ist sie an ihrem Standort nicht mehr auf die Schutzfunktion der Schärfe angewiesen. Ebenfalls ohne Schärfe ausgestattet ist *Capsicum rhomboideum*. Sie hat sogar rein optisch so wenig mit den anderen Chilipflanzen gemein, dass sie von Botanikern zeitweise als eine andere Gattung (*Witheringia ciliata*) gehandelt wurde. Mit ihren gelben Becherblüten und ungewöhnlichen, rhombenförmigen Blättern ist sie aber auf jeden Fall eine Bereicherung für die Sammlung jedes Chilifreundes. Die meisten anderen Wildarten hingegen besitzen ein Aussehen, welches auf die Vogelverbreitung abgestimmt ist. Ihre kleinen, runden bis ovalen Früchte stehen aufrecht und ragen aus dem Blattwerk heraus, in Verbindung mit der leuchtenden, oft roten Farbe sind sie für Vögel über weite Distanzen gut sichtbar. Außerdem besitzen sie den Schärfestoff Capsaicin in den Beeren, um Säugetiere vom Fressen abzuhalten. Ein weiteres Merkmal aller wilden Chilis ist, das ihre Früchte keinen Hohlraum besitzen, sondern mit Samenkörnern und saftigem Fruchtfleisch ausgefüllt sind. Zudem lassen sich die Beeren im reifen Zustand sehr leicht von ihrem Stiel lösen.

▼ Unter den wenig bekannten Wildarten findet sich manche Besonderheit. Eine außergewöhnliche Vertreterin der Gattung *Capsicum* ist *C. rhomboideum*. Mit ihren gelben Becherblüten unterscheidet sie sich auf den ersten Blick von den anderen Arten.

Auf den folgenden Seiten stellen wir Ihnen acht *Capsicum*-Arten vor, die Sie selbst zuhause anbauen können. Es sind Arten, die erfreulicherweise bei Samenhändlern im Internet verfügbar, jedoch alles andere als gewöhnlich sind. Sie können durch ihr außergewöhnliches Äußeres, ihre Seltenheit, einem besonderen Geschmack oder schlicht durch ihre faszinierende Schönheit begeistern.
Teilweise liest man, dass Wildchilis schlecht keimen und schwer heranzuziehen bzw. zu halten sind. Unsere eigenen Erfahrungen haben aber gezeigt, dass auch sie gute Keimraten besitzen und bis auf wenige Ausnahmen genauso gepflegt werden können wie Kultursorten. Lediglich die Keimdauer kann mitunter länger dauern. Es ist also kein Hexenwerk, sich ein wenig Wildnis in die eigenen vier Wände zu holen. Tauchen Sie ein in die Welt der wilden Chilis und erweitern Sie ihren Horizont!

C. annuum var. *glabriusculum*

Schärfegrad: 7

Herkunft: USA, Mexiko, Trockengebiete, besonders in der Sonora-Wüste

Pflanze: drahtiger, bis ca. 150 cm hoher Busch, am Naturstandort Jahrzehnte alte Halbsträucher möglich, Blätter klein und schmal, Blüten sehr klein

Frucht: aufrecht an langen Stielen stehend, ca. 1 cm lang, rund bis oval und glatt, unreif grün, gelegentlich mit schwarzen Schattierungen, rot abreifend, weiches Fruchtfleisch, kleine Samen

Geschmack: sehr gutes, würziges Aroma besonders der getrockneten Früchte, kurze, schneidende Schärfe

Verwendung: getrocknet oder frisch zum Würzen, Pulverherstellung

Besonderheiten: Hierbei handelt es sich um den Urahnen der heutigen *C. annuum*-Sorten. Sie ist auch unter dem Namen 'Chiltepin' bekannt, eines der teuersten Gewürze der Welt. Bis heute wird sie immer noch wild gesammelt.
Entgegen mancher Behauptung ist ihre Anzucht nicht schwieriger als bei den meisten anderen Chilis.

C. baccatum var. *baccatum*

Schärfegrad: 6-7

Herkunft: Bolivien, Brasilien

Pflanze: sehr groß, reichlich verzweigt, im Vergleich zu *C. baccatum*-Sorten kleine Blätter, Blüten sehr apart, abgerundet, Spitzen der Blütenblätter nach hinten umgebogen, große, gelbe Blütenflecken

Frucht: aufrecht, länglich-oval, ca. 2 cm lang und unter 1 cm breit, sehr dünnwandig, saftig, weichfleischig, zahlreiche Samen

Geschmack: typisches, blumig-fruchtiges *C. baccatum*-Aroma

Verwendung: Trocknen, frisch oder getrocknet zum Würzen

Besonderheiten: Umgangssprachlich wird die Pflanze auch 'Bird Aji' genannt, was auf die Verbreitung durch Vögel verweist. Die reifen Früchte lösen sich leicht vom Stiel.
Während die Varietät *baccatum* die Wildart darstellt, werden die Sorten der *Capsicum baccatum* in die var. *pendulum* (=hängend) eingeordnet.

C. chacoense

Schärfegrad: 8

Herkunft: Bolivien, Argentinien, Paraguay

Pflanze: groß gewachsen, zierliche, nach oben strebende Triebe, Blüten sehr klein, einzeln an langen Stielen stehend

Frucht: aufrecht, oval, nur ca.1 cm lang und ca. 0,5 cm breit, weich und saftig, voller Kerne, von Grün nach leuchtend Rot abreifend

Geschmack: würzig, ein wenig seifig, beißende Schärfe

Verwendung: zum Würzen in Gerichten, trotz ihrer saftigen Früchte ebenfalls zum Trocknen geeignet

Besonderheiten: Die *Capsicum chacoense* hat in ihrer Heimat je nach Region unterschiedlichste Namen: 'Tova', 'Covincho', 'Aji putapario' oder 'Aji puta madre'. Sie wurde schon von den Ureinwohnern Südamerikas kultiviert und genutzt.

C. eximium

Schärfegrad: 4-5

Herkunft: Bolivien, Argentinien

Pflanze: groß, aufrecht, dünne, oft überhängende Zweige, Blüte sehr ansehnlich, violett-weiß mit gelblichem Zentrum, Kelchblätter abstehend und an einen Seestern erinnernd

Frucht: aufrecht bis hängend, rund, unter 1 cm im Durchmesser, saftig-weiches Fruchtfleisch, wenige bräunliche Samen, von Dunkelgrün nach Dunkelrot abreifend

Geschmack: sehr eigenes Aroma, herb-würzig und pikant

Verwendung: Zierpflanze für Liebhaber, Früchte zum Würzen oder Trocknen

Besonderheiten: *Capsicum eximium* wurde erst 1950 beschrieben. In der Kultur erweist sie sich als problemlos. Ihre Früchte lösen sich leicht vom Stiel.

C. galapagoense

Schärfegrad: 7

Herkunft: Galapagos Inseln

Pflanze: groß, gut verzweigt, gesamte Pflanze stark und weichflaumig behaart, Blüten weiß, an kurzen Stielen sitzend

Frucht: aufrecht bis horizontal, rund, ca. 0,5 cm lang und breit, von weicher Konsistenz, dünnwandig,voller Samen, von Dunkelgrün nach Rot abreifend

Geschmack: würzig, schneidend scharf

Verwendung: frisch oder trocken als Gewürz, Liebhaberpflanze

Besonderheiten: Hierbei handelt es sich um die einzige Chili von den Galapagos Inseln. Sie ist endemisch, was bedeutet, dass sie auch nur dort vorkommt. Deshalb ist sie auch entsprechend selten. Das ungewöhnliche Aussehen macht sie für Sammlungen sehr begehrenswert.

C. lanceolatum

Schärfegrad: 0

Herkunft: Guatemala

Pflanze: mittelgroß, schwache, überhängende Triebe, lange, schmale, hängende Blätter mit grober Behaarung, Blüten relativ groß, an langen Stielen herabhängend, Kronblätter mit auffälligen violetten Streifen, Kelchblätter sehr lang, nach hinten umgebogen

Frucht: hängend, rund bis oval, 0,5-1 cm im Durchmesser, weiches Fruchtfleisch, schwarze Samen, von Grün nach Hellrot abreifend

Geschmack: relativ geschmacksneutral, leicht muffig

Verwendung: mangels Geschmack der Früchte eine reine Liebhaberpflanze

Besonderheiten: Diese Art sieht so ungewöhnlich aus, dass man sie erst auf den zweiten Blick für eine Chili halten mag. Sie ist in der Natur selten, aber Saatgut ist gelegentlich im Internet erhältlich.
Trotz ihres feucht-warmen Naturstandortes in den Nebelwäldern Guatemalas stellt sie in der Kultur keine besonderen Ansprüche, man sollte sie nur vor großer Trockenheit, Kälte und extremer Sonne schützen.

C. praetermissum

Schärfegrad: 7

Herkunft: Brasilien

Pflanze: groß, kräftig verzweigt, Blätter fein behaart, Blüten zu mehreren in den Nodien (Blattknoten), rosa bis violett mit gelbem Zentrum

Frucht: aufrecht, oval, ca. 1 cm lang, dünnwandig, voller Samen, von Grün über Gelb nach Rot abreifend

Geschmack: recht wenig Aroma, sofort eintretende, aber auch schnell abklingende Schärfe

Verwendung: frisch oder getrocknet als Gewürz

Besonderheiten: *Capsicum praetermissum* wird immer mal wieder als *Capsicum baccatum* var. *praetermissum* bezeichnet. In letzter Zeit hat sich aber der erstgenannte Name als eigene Art durchgesetzt.
Wie bei vielen Wildchilis lösen sich die Früchte auch bei dieser Art im reifen Zustand leicht vom Stiel.

C. rhomboideum

Schärfegrad: 0

Herkunft: Mittelamerika

Pflanze: sehr groß, lange, schlanke, aufrechte Triebe, wenige Verzweigungen, früh verholzend, Blätter elliptisch bis rhombenförmig (daher der Name), dunkelgrün, und wie die Sprosse ebenfalls behaart, Blüten gelb und becherförmig, in Bündeln wachsend, herabhängend, Kronblätter schmal, sternförmig

Frucht: rundlich, etwas abgeflacht, deutlich unter 1 cm breit und lang, dickwandig, Fruchtfleisch saftig, wenige, sehr kleine braune Samen, von Grün nach Kirschrot abreifend

Geschmack: wenig Aroma, erinnert an Holunderbeeren

Verwendung: Zierpflanze mit attraktiven Blüten und Früchten

Besonderheiten: Zweifellos ist diese Art die wohl ungewöhnlichste Chili von allen. Mit ihrem untypischen Wuchs, den einzigartigen gelben Blüten und den leicht transparent wirkenden roten Früchten unterscheidet sie sich auf den ersten Blick. Daher verwundert es nicht, dass sie von Botanikern zeitweise nicht einmal als Pflanze der Gattung *Capsicum* eingestuft war.

Scharfe Wunderbeere

Milde Chilis, wilde Chilis

Ein hilfreicher Tipp:

Capsaicin ist fettlöslich. Gegen das Brennen auf der Zunge und im Mundraum helfen Milch und Sahne am besten. Ein Stück gerösteter Toast oder Knäckebrot sorgen für die nötige Reibung. Ansonsten hilft nur Warten und Ruhe bewahren. Nach einigen Minuten lässt die Wirkung merklich nach.
Das gründliche Waschen der Hände mit Wasser hilft kaum. Noch am nächsten Tag reicht die Konzentration an den Fingern aus, um in den Augen zu brennen. Besser ist die Reinigung mit Alkohol.

Während niemand auch nur mit der Wimper zuckt, wenn er eine Gemüsepaprika isst, hält es bei einer Habanero keinen mehr ruhig auf seinem Stuhl. Wie kommt es, dass verschiedene Chili Sorten so unterschiedlich scharf sind und wie entsteht die Schärfe eigentlich?
Verantwortlich für das Brennen ist im Wesentlichen das Capsaicin. Dieser Stoff spricht die Wärme- und Schmerzrezeptoren vor allem auf der Zunge an. Scharf ist also keine Geschmacksrichtung, sondern ein Schmerzempfinden. Wer schon einmal eine richtig scharfe Chili probiert hat weiß, dass diese bei Leibe nicht nur auf der Zunge brennt, sondern im gesamten Mund, an den Lippen, auf der Haut, sogar im Magen. Bei der Verarbeitung solch scharfer Sorten gilt besondere Vorsicht, da selbst die Ausdünstungen der Chilis beim Kochen in den Atemwegen und den Augen brennen. Dies verdeutlicht, das Schärfe kein Geschmack sein kann.

► Beim Probieren einer unbekannten Sorte wird in der Regel zunächst vorsichtig die Spitze getestet. Geben die Schmerzrezeptoren Entwarnung, erfolgt ein beherzter Biss, der folgenreich sein kann.
Die Schärfe ist oft nicht gleichmäßig über die Frucht verteilt. Besonders hoch ist die Konzentration des Capsaicins in dem weißlichen Plazentagewebe, das die Samen ernährt. Auf dem nebenstehenden Foto ist das austretende Capsaicin an den Tröpfchen auf der Scheidewand gut zu erkennen.

Innerhalb der Frucht ist die Schärfe nicht gleichmäßig verteilt. Die höchste Konzentration befindet sich in der so genannten Plazenta. Dies ist das weißliche Gewebe im Inneren der Beere, welches die Samen ernährt. In den Samen selbst steckt entgegen der weit verbreiteten Meinung keine Schärfe, doch haftet an deren Außenseiten Capsaicin, das von der Plazenta gebildet wurde.

Schärfe ist nicht gleich Schärfe. Neben dem Hauptbestandteil Capsaicin enthalten Chillis noch einige weitere Schärfestoffe, die sogenannten Capsaicinoide. Prozentual bedeutsam sind insbesondere Dihydrocapsaicin und Nordihydrocapsaicin. Die Gesamtmenge an Capsaicinoiden ist entscheidend dafür wie scharf die Chili ist. Die prozentuale Verteilung der einzelnen Stoffe in der Chili hingegen ist maßgebend dafür verantwortlich, auf welche Art und Weise sie brennt. Während manche Chilis schnell und intensiv brennen, aber auch schnell wieder nachlassen, baut sich die Schärfe bei anderen Sorten langsam auf und bleibt dafür auch länger erhalten. Kurz, lang, mit Verzögerung kommend oder langsam zunehmend, je nach Sorte ist die Art des Schärfeempfindens anders. Bei den meisten Chili-Sorten ist das Capsaicin der mit Abstand größte Bestandteil an Capsaicinoiden. Die Sorten der Art *Capsicum pubescens* bilden hier eine Ausnahme. Sie enthalten ebenso viel Dihydrocapsaicin und andere Schärfestoffe wie Capsaicin. Darum wird ihre Schärfe zumeist anders empfunden als bei anderen Arten. Selbst abgehärtete Chili-Esser empfinden diese oft als sehr scharf, weil sie zwar an das Capsaicin gewöhnt sind, nicht aber so sehr an die anderen Substanzen.

▲ Häufig möchte man sich gerade zu Anfang seiner scharfen Karriere beweisen. Hat man seine Grenzen ausgetestet, kommt das Gefühl für die richtige Schärfe und die Phase des Genusses. Eine selbstgeerntete ´Cyklon` vom Grill in Kombination mit einem guten Stück Fleisch bedeutet Genuss.

Wie kommt es, dass manche schon bei einer Peperoni in Tränen ausbrechen und andere Habaneros zum Frühstück verspeisen? Zum einen haben Menschen eine unterschiedlich hohe angeborene Schärfeempfindlichkeit. Es gibt tatsächlich Menschen, die so gut wie gar keine Reaktion auf die schärfsten Chilis zeigen, aber auch welche, die sehr stark schon auf kleinste Mengen Capsaicin reagieren. Andererseits kann man seine Schärfetoleranz auch „trainieren“. Wenn man regelmäßig scharf isst, stumpfen die Schmerzrezeptoren regelrecht ab und gewöhnen sich an das Capsaicin. Erst höhere Dosen des Stoffes können bei solch „Chilisüchtigen“ wieder eine heftigere Reaktion hervorrufen. Bei den Sortenbeschreibungen in diesem Buch wird die Schärfe jeweils durch eine Zahl zwischen 0 und 10 angegeben, dem so genannten Schärfegrad. Für herausragend scharfe Sorten haben wir den Schärfegrad 10+ eingeführt.

10+ ohne Worte

Trinidad Scorpion Butch T
Carolina Reaper
7 Pot

unerträgliches Inferno 10

Devils Tongue Yellow
Madame Jeanette
Chiclayo

9 höllisch scharf

Peruvian Long Brown
Cheiro Roxa
Carioca

super scharf 8

Kitchenpepper Peach
Jamaican Hot Yellow
Limon

7 sehr scharf

Rocoto Peron Rojo
Beni Highlands
Rawit

ordentlich scharf 6

Bolivar de Minas Gerais
Joes Long Cayenne
NuMex Twilight

5 scharf

Criolla Sella
Jalapeno
Cyklon

brennt 4

Sucette De Provence
Serrano del Sol
Bishops Crown

3 leicht scharf

Georgia Flame
Aji Santa Cruz
Poblano

würzig 2

Habanero El Remo
Chilaca
Gorria

1 mild

Thunder Mountain Longhorn
Nepalese Bell
Biberiye

ohne Schärfe 0

Purple Beauty
Aconcagua
Florines

Alle in diesem Buch vorgestellten Sorten wurden von uns selbst durch Kostproben getestet und eingeschätzt, ebenso basiert das beschriebene Aroma der Früchte auf eigenen Erfahrungen.

Vielleicht werden Sie die ein oder andere Chili, die sie hoffentlich bald selbst anbauen, anders einschätzen als in diesem Buch beschrieben. Dies liegt zum einem an dem bereits beschriebenen, subjektivem Schärfeempfinden jedes Menschen, aber auch an der schwankenden Schärfe jeder Chili. Die Früchte einer Sorte sind nämlich nicht genau gleich scharf, nicht einmal wenn sie von der selben Pflanze stammen. Auch Standort- und Klimabedingungen haben einen Einfluss auf die Schärfe einer Chili. Ein besonders heißer, sonniger und trockener Standort wirkt sich förderlich auf die Capsaicin-Produktion aus.

▼ Eine der beliebtesten Chilis ist die 'Jalapeño'. Ihre Schärfe ist wie bei allen Chilis variabel und wird mit durchschnittlich 5000 Scoville angegeben. Dies entspricht in der nebenstehenden Scala einem Schärfegrad von 5. Die aktuell schärfste Chili der Welt ist bis zu 440 x schärfer als die 'Jalapeño'.

Neben der Einteilung in Schärfegrade gibt es noch eine andere, sehr bekannte Methode der Schärfebestimmung, die so genannte 'Scoville-Skala'. Sie wurde 1912 vom Pharmakologen Wilbur Lincoln Scoville entwickelt. Eine 'Jalapeño' hat z.B. einen Scoville-Wert (SHU) von ca. 5000. Das bedeutet, das man ein Teil 'Jalapeño' mit 5000 Teilen Wasser verdünnen muss, um die Schärfe zu neutralisieren. Auch diese Einteilung hängt stark von der Chili selbst ab und wer sie verkostet. Deshalb sind die Werte ungenau und subjektiv. Heutzutage kann der Gehalt an Capsaicinoiden durch technische Messgeräte genau bestimmt und zum besseren Vergleich in Scoville-Einheiten umgerechnet werden. Selbst bei diesem hochmodernen Verfahren kommt es dennoch zu stark schwankenden Ergebnissen, da keine Chili genau gleich scharf ist.

Der Scovillewert wird in diesem Buch nur bei manchen Chilis zusätzlich mit angegeben, bei denen 'Rekordmessungen' durchgeführt wurden.
Entscheidend für die Bewertung des Rekordes ist dabei die gemessene Durchschnittsschärfe einer Sorte, wenngleich einzelne Früchte teilweise erheblich schärfer ausfallen können. So zum Beipiel erreichte die Sorte 'Bhut Jolokia' bei einer repräsentativen Messung des amerikanischen Chile Pepper Institute von 2012 eine durchschnittliche Schärfe von 1.019.687 SHU. Während die Früchte der schärfsten der getesteten Pflanzen gar 1.578.548 SHU erreichten, lieferte die mildeste jedoch gerade einmal 279.325 SHU ab. Das ist zwar immer noch eine 10 auf der Schärfeskala, aber schon

▲ **Der Scorpionstachel ist ein typisches Merkmal einiger extrem scharfer Sorten. Leider ist er nicht immer so hübsch ausgeprägt wie auf diesem Foto.**

eine recht deutliche Spanne in der Schärfe. Besonders bemerkenswert ist, dass die Chilis für den Test alle unter den selben Bedingungen angebaut wurden. Deshalb ist es sehr wichtig, für Rekordmessungen immer mehrere Früchte verschiedener Pflanzen einer Sorte zu testen und deren Durchschnitt zu ermitteln.

Die Jagd nach Rekorden

Seit Menschen Gedenken jagt unsere Spezies nach Rekorden – höher, schneller, weiter scheint das Motto zu sein. Warum sollten Chilis da eine Ausnahme machen? Schon seit längerem suchen viele Chilifreaks nach der schärfsten Chili der Welt oder versuchen, sie sogar selbst zu züchten. Die Anreize sind klar: Dem "Entdecker" sind Ruhm und öffentliche Aufmerksamkeit gewiss, aber auch wirtschaftliche Interessen kommen nicht zu kurz. Schließlich lassen sich die Chilis selbst, deren Saatgut und aus ihnen gewonnene Produkte - Soßen, Pulver, etc. - viel besser vermarkten, wenn sie den Titel "Schärfste Chili der Welt" tragen.
Wirft man einen Blick auf die Entwicklungen der letzten Jahrzehnte, so geht die Steigerung der Schärfe rasant voran. Und noch etwas fällt auf: Alle Weltrekordhalter gehören der Art *Capsicum chinense* an. Alle anderen Arten liegen hinter ihr weit abgeschlagen zurück, die schärfsten *Capsicum annuum* und *frutescens* Sorten bringen es auf “nicht einmal" rund 100.000 Scoville-Einheiten (SHU), was auf der Schärfeskala in etwa Schärfegrad 8 entspricht.

Den ersten offiziellen Weltrekord konnte 1994 die Habanero-Züchtung mit dem Namen 'Red Savina' für sich verbuchen. Sie wurde in den USA von Frank Garcia von der Firma GNS Spices gezüchtet und erreichte einen Wert von 577.000 SHU, was fast dem Doppelten der altbekannten 'Habanero Orange' entspricht, die es auf bis zu 300.000 SHU bringt. Bis heute haftet diesem Rekord allerdings ein gewisses Misstrauen an, da es nie wieder gelang, eine 'Red Savina' mit nur annähernd so hohen Werten zu messen.
Im Jahre 2000 mehrten sich allerdings Gerüchte, dass es eine noch weitaus schärfere Chili geben soll. Ein Bericht aus dem Forschungslabor des Verteidigungsministeriums in der indischen Stadt Tezpur (Dort wurde die Chili für die Entwicklung von Pfefferspray angebaut!) wollte bei einer regionalen

Chilisorte 855.000 SHU gemessen haben. Wegen mangelnder Informationen kursierten diverse Gerüchte, welche Sorte sich nun genau hinter dem Rekordanwärter aus Indien verbarg. Es waren Namen wie 'Naga Jolokia', 'Tezpur-Chili' oder 'Naga Hari' im Gespräch, ebenso wurde eine *Capsicum frutescens* namens 'Indian PC1' kurzzeitig für die Rekordchili gehalten, was sich aber später als Fehler herausstellte. Das renomierte Chile Pepper Institute in den USA zweifelte an der Messung der indischen Kollegen und ließ sich Samen der lokalen indischen Sorte 'Bhut Jolokia' zuschicken. In den Staaten baute man die Sorte an und unterzog ihr 2005, zusammen mit der 'Red Savina', einer offiziellen Schärfemessung. Die Messung ergab für die 'Bhut Jolokia' unglaubliche 1.001.304 SHU, womit eine neue Schallmauer durchbrochen wurde. 2006 wurde der Messwert offiziell als Guinness World Record anerkannt und bescherte der indischen "Geisterchili" einen gewaltigen Hype. Die 'Red Savina' erreichte beim Test übrigens gerade einmal 248.556 SHU.

Natürlich regte der Erfolg der 'Bhut Jolokia' viele Enthusiasten an, eine noch schärfere Chili zu züchten. Im Februar 2011 wurde der Weltrekord der 'Infinity Chili' verliehen, gezüchtet von Nick Woods von der Firma Firefoods.co.uk aus Großbritannien. Sie erzielte 1.067.286 SHU.

▼ **Habanero ´Red Savina`**

Doch der Ruhm sollte nicht lange halten. Nur zwei Wochen später wurde der Titel weitergereicht, immerhin blieb er in Großbritannien. Die 'Naga Viper' erklomm den Thron mit 1.382.118 SHU. Sie wurde von Gerald Fowler von der Chilli Pepper Company gezüchtet und ist eine dreifache Hybride aus 'Naga Morich', 'Bhut Jolokia' und 'Trinidad Scorpion'. Das führt allerdings auch dazu, dass sich die Sorte in der Nachzucht als instabil erweist, d. h. die Früchte der nachfolgenden Generationen variieren in ihrer Form und Charakteristik.
Auch dieser Rekord war schnell Geschichte, denn im März 2011 wurde die Sorte 'Trinidad Scorpion Butch T' mit einem Durchschnittswert von 1.463.700 SHU gemessen und als schärfste Chili der Welt ins Guinness-Buch der Rekorde aufgenommen. Züchter ist der Australier Neil Smith von der

▼ Von den schärfsten Chilis finden sich mittlerweile einige Farbvarianten. Diese wurden zwar bislang offiziell nicht getestet, zeichnen sich aber ebenfalls durch eine extreme Schärfe aus. Die Früchte der ´Carolina Reaper Yellow` bilden mit großer Regelmäßigkeit den attraktiven Scorpionstachel aus.

Hippy Seed Company. Er hat die Sorte nach dem Amerikaner Butch Taylor benannt, von dem er ursprünglich das Saatgut erhielt und es dann weiterentwickelt hat. Dank der Unterstützung von Marcel de Wit von der Chili Factory konnte Neil Smith schließlich einen offiziellen Test durchführen lassen und seine Chili erhielt das begehrte Weltrekord-Zertifikat.
Anfang 2012 schaltete sich ein weiterer Kandidat in das Rennen um den Titel "Schärfste Chili der Welt" ein. Das Chile Pepper Institute hatte verschiedene superscharfe Chilis, darunter die von der Karibikinsel Trinidad stammende 'Trinidad Scorpion Moruga' auf ihre Schärfe getestet. Dabei erreichten Früchte der Sorte Spitzenwerte von 2.009.231 SHU und eröffneten damit eine neue Dimension des Leidens. Leider lag der Durchschnittswert bei "nur" 1.207.764 Scoville und damit unterhalb des Wertes der 'Trinidad Scorpion Butch T' und stellte damit keinen offiziellen Weltrekord dar. Trotzdem galt der Moruga Scorpion von da an für viele als die Schärfste aller Chilis.
Der bis heute gültige Weltrekord wurde schließlich im November 2013 erreicht, als der 'Carolina Reaper' mit 1.569.300 SHU ins Guinness-Buch der Rekorde Einzug hielt. Der Spitzenwert der Sorte lag sogar bei fantastischen 2.200.000 Scoville-Einheiten, was schärfer als gewöhnliches Pfefferspray ist. Der Reaper wurde von Ed Currie aus South Carolina, USA gezüchtet, der Inhaber der “PuckerButt Pepper Company” ist. Die Chili wird unter dem eingetragenen Warenzeichen “Smokin Ed's Carolina Reaper®” vertrieben.
Im Frühjahr 2017 beanspruchte der Walise Mike Smith für sich, eine neue, noch schärfere Chili gezüchtet zu haben. Das höllische Gewächs namens ´Dragon Breath` sollte einen Wert von 2,48 Millionen Scoville erreicht haben. Dieser phantastische Wert wurde nie von offizieller Stelle oder gar Guinness World Records bestätigt. Offensichtlich handelte es sich in diesem Fall um eine Falschmeldung, vielleicht um eine größere Aufmerksamkeit für die neue Züchtung zu erlangen.

Ein Ende das Capsaicin-Wettrüstens ist bislang nicht in Sicht. Weiterhin versuchen unzählige andere Chilifreaks und -Züchter einen neuen Rekord aufzustellen, indem sie bereits vorhandene, superscharfe Sorten weiterentwickeln oder miteinander kreuzen. Vielleicht findet sich aber auch eine bisher unbekannte, regional angebaute Chili mit unsagbarer Schärfe, die einfach bisher noch nicht getestet wurde, so wie es damals der 'Bhut Jolokia' wiederfuhr.
Eins ist aber sicher: Solange der Mensch noch keine Chili gefunden hat, die aus purem Capsaicin besteht, wird er immer versuchen, eine noch schärfere zu züchten.

▲ Mit einem Spitzenwert von rund 1.850.000 SHU stellt ´Trinidad 7 Pot Douglah` die aktuell drittschärfste Chilisorte der Welt dar.

▲ ´Trinidad Scorpion Moruga`

Wettlauf der Schärfe

In den vergangenen 23 Jahren hat sich der Schärfegehalt durch immer neue Züchtungen nahezu vervierfacht und ein Ende der Rekordjagd ist nicht abzusehen.
Dargestellt sind in ihrer Abfolge die jeweils schärfsten Chilis der Welt. Eine Ausnahme bildet die ´Trinidad Scorpion Moruga`, die sich trotz eines Spitzenwertes von rund 2.000.000 SCU nie offiziell Weltmeister nennen durfte, da ihr Durchschnittswert niedriger als bei der Vorgängerin war. Dennoch haben wir uns gestattet, diese Sorte hier zu würdigen, da es mit der ´Carolina Reaper` aktuell nur eine Sorte gibt, die höhere Spitzenwerte erzielen konnte.

´Trinidad Scorpion Moruga`

bis 2.009.231 SCU

Ø 1.207.764 SCU

2011

▲ **Mit einer Länge von bis zu 30 cm zählt ´Joe`s Long Cayenne` zu den Sorten mit den längsten Früchten. Zudem besitzen ihre Früchte mit ca. 20.000 IU einen besonders hohen Vitamin A Gehalt.**

Chilis und Gesundheit

Dass Paprika gesund und vitaminreich sind, ist mittlerweile allseits bekannt. Bei Chilis hingegen wird erst einmal an Schärfe und Schweißausbrüche gedacht. Dabei sind Chilis ebenfalls gut für die Gesundheit – oder womöglich sogar noch gesünder als ihre milden Verwandten?

Chili und Paprika enthalten erst einmal rund 90% Wasser – das macht sie sehr kalorienarm. 100 Gramm enthalten nur 30-40 kcal. Reife Früchte sind trotz eines höheren Zuckergehaltes gesünder als unreife, denn ihre leuchtende Farbe wird durch Carotinoide gebildet – eines davon ist das als sehr gesund bekannte Beta-Carotin. Auch enthalten Chilis und Paprika beachtliche Mengen an Flavonoiden. Diese Stoffe stärken das Imunsystem, beugen Arterienerkrankungen vor und verstärken die Wirkung von Vitamin A und C, welche ebenfalls reichlich in den Früchten enthalten sind. Weitere wichtige Inhaltsstoffe der *Capsicum*-Beeren sind die Vitamine E, B1, B2 und B6 sowie Folsäure. Desweiteren enthalten sie größere Mengen des Mineralstoffs Kalium und mehr oder weniger Calcium, Magnesium, Eisen und Zink.

Der Gehalt an Inhaltsstoffen kann bei Paprika und Chilis jedoch von Sorte zu Sorte höchst unterschiedlich sein, wie 2016 die Untersuchungen einer Forschungsgruppe um Michael B. Kantar zeigten. Bei der Studie wurden der Gehalt der in Chilis besonders reich vertretenen Vitamine A, C und Folsäure von mehr als 100 Sorten aller Schärfegrade untersucht.
Beim Vitamin C zeigte sich, das tendenziell sehr scharfe Chilis wesentlich mehr davon enthalten als milde. Das ist zwar sehr erfreulich, wenn man aber bedenkt, dass man von einer superscharfen Chili auch wesentlich weniger verzehren kann und möchte als von einer Paprika, relativiert sich dieser Vorteil wieder. Bei dem ebenfalls untersuchten Vitamin A und der Folsäure konnte kein Zusammenhang zwischen Schärfe und Vitamingehalt festgestellt werden.

Neben Vitaminen und Mineralien ist bei den Chilis ein Inhaltsstoff ganz besonders wichtig, der Scharfmacher Capsaicin. Dieser Stoff wirkt sich gleich mehrfach positiv auf die Gesundheit des Körpers aus.
Ein Effekt, den jeder von uns sofort spüren kann, ist das Capsaicin den Kreislauf und die Durchblutung anregt. Der Puls erhöht sich, einem wird warm, manch einer läuft rot an oder

Gehalt in 100 g	Vitamin C (Milligramm)	Vitamin A (internat. Einheiten)	Folsäure (Mikrogramm)
Beispiel I	´7 Pot` ca. 200 mg	´Joe`s Long Cayenne` ca. 20.000 IU	´Chilaca` ca. 260 µg
Beispiel II	´Trinidad Scorpion-Butch T` ca. 160 mg	´Aji Amarillo` ca. 3000 IU	´Peter Pepper` ca. 70 µg
Durchschnitt aller 100 getesteten Sorten	ca. 60 mg	ca. 12.000 IU	ca. 45 µg
Vergleichswert	Kiwi ca. 90 mg	Karotte ca. 16.000 IU	Spinat ca. 190 µg
Tagesbedarf eines Erwachsenen	ca. 100 mg	ca. 3000 IU	ca. 300 µg

▲Tab. 1 - Gehalt von Vitamin A, Vitamin C und Folsäure in ausgewählten Chilis und Paprika

beginnt zu schwitzen. Dieser Effekt wird in vielen tropischen Ländern genutzt, um besser mit der Hitze zurechtzukommen. In vielen heißen Gebieten wie Indien, der Karibik oder Mexiko wird sehr scharf gegessen, wodurch der Körper infolge von gesteigerter Durchblutung und Schweißproduktion seine Wärme besser loswerden kann. Da durch die Chilis der Kreislauf angeregt wird, verbrennt der Körper im übrigen auch mehr Kalorien. Zusätzlich drosselt die Schärfe den Appetit, ganz besonders auf fettiges oder süßes Essen. Das Capsaicin wirkt auf die Sättigungsrezeptoren im Magen, weshalb das Sättigungsgefühl früher einsetzt. Die Speichelproduktion erhöht sich beim Essen scharfer Speisen, wodurch die Verdauung gefördert wird. Häufiges scharfes Essen kann also durchaus beim Abnehmen helfen, wie wissenschaftlich mehfach bestätigt wurde.
Obwohl man bei der anregenden Wirkung auf den Kreislauf etwas anderes vermuten würde, bieten Chilis noch einen weiteren Vorteil: Regelmäßiger Genuss senkt den Blutdruck und schützt so Herz und Blutgefäße. Dies tun sie darüber hinaus noch in anderer Weise, wie Forscher der Chinesischen Universität von Hongkong nachwiesen. Sie verabreichten Hamstern, die sie cholesterinreich ernährten, Capsaicin und stellten fest, dass der Stoff die Aufnahme des schädlichen LDL- Cholesterin reduzierte, während das nützliche HDL-Cholesterin nicht davon betroffen war.

Eine weitere tolle Eigenschaft des Capsaicins liegt darin, dass es durch den "Schmerz", den man erlebt, zur Ausschüttung von Endorphinen, also Glückshormonen im Gehirn kommt. Ein glückliches Gefühl wiederum ist zweifelsohne gut für die Gesundheit. Je schärfer die Chili und desto größer der

▲ Die längsten Früchte bringt die Sorte ´Thunder Mountain Longhorn` hervor. Sie können eine Länge von bis zu 40 cm erreichen.

Schmerz, umso besser fühlt man sich, wenn das Leiden wieder nachlässt. Dieses gute Gefühl lässt manchen notorischen Chili-Gourmet geradezu "süchtig" danach werden!

Seit einiger Zeit ist auch ein anderer, ziemlich erstaunlicher Effekt des Schärfestoffes im Gespräch. Forscher haben herausgefunden, dass Capsaicin in der Lage ist, Krebszellen zu bekämpfen.

Wissenschaftler der University of California untersuchten 2014 genau dies an Mäusen, die man genetisch so veränderte, das sie an Darmkrebs erkranken würden. Einer Testgruppe der Mäuse wurde Capsaicin ihrem Futter beigemengt, der anderen nicht. Das Ergebnis der Studie zeigt, dass die Mäuse, die Capsaicin verabreicht bekommen haben, seltener an Tumoren erkrankten und eine durchschnittlich 30% höhere Lebenserwartung hatten als die unbehandelten Mäuse.

Diese tumorhemmende Wirkung wurde 2016 auch an der Ruhr-Universität Bochum nachgewiesen. Künstlich kultivierten Brustkrebszellen wurde im Labor über Stunden bis Tage Capsaicin hinzugegeben. Die Zellen wucherten tatsächlich langsamer, manche starben gar ab und waren weniger beweglich, weshalb sie wahrscheinlich auch weniger zur Metastasenbildung neigen würden. Bei den getesteten Brustkrebszellen wurden Riechrezeptoren entdeckt, darunter ein Rezeptor namens TRPV1, der vom Capsaicin aktiviert wird und deshalb wohl die Krebszellen ausbremst.

Die gängigste bewusste Verwendung von Chilis im Zusammenhang mit der Gesundheit findet aber bisher nicht durch den Verzehr der Früchte statt, sondern durch äußerliche Anwendung: Es werden zahlreiche Salben und Wärmepflaster angeboten, die Capsaicin enthalten und Rücken- sowie Gelenkschmerzen lindern können. Die behandelte Körperstelle wird besser durchblutet und fühlt sich warm an, was die Heilung fördert und Schmerzen unterdrückt.

Nach diesen faszinierenden Eigenschaften muss noch erwähnt werden, das Chilis im Übermaß auch ungesund wirken können. Die Schärfeverträglichkeit jedes Menschen kann sehr unterschiedlich ausfallen, so dass besonders empfindliche Personen sehr unter extremer Schärfe leiden, ohne dass sie ihnen Glücksgefühle beschert. Besonders kleine Kinder sind von den unerwarteten Schmerzen völlig irritiert und können damit nicht umgehen. Dass man ihnen nichts Scharfes zu essen gibt, sollte selbstverständlich sein.

Es wurde berichtet, dass Menschen aufgrund sehr scharfer Nahrung einen Kreislaufzusammenbruch erlitten und ohnmächtig wurden. Kein Wunder, wenn bei Chiliwettessen z.B. Currywurst mit Soßen von über 1 Millionen Scoville gewürzt wird. Die Teilnehmer solcher Veranstaltungen müssen meist vorher dafür unterschreiben, dass ihnen die gesundheitlichen Risiken bewusst sind.
Häufiger Genuss von Scharfem kann auch durchaus die Schleimhäute von Mund und Magen reizen, was man sich beim Pfefferspray zu Nutze gemacht hat. Dessen unerträgliches Brennen beruht auf dem enthaltenen Capsaicin, welches auch Augen, Haut und Atemwege angreift und mit seinen mehreren Millionen Scoville selbst den stärksten Mann heulend zu Boden zwingen kann.

Wer seine Grenzen kennt (oder austestet!), der wird sicher selten Probleme mit den scharfen Früchten bekommen, sondern kann sich an ihrer äußerst gesunden und belebenden Wirkung erfreuen.

▼Die Dosis macht`s! Zu viel Capsaicin kann auf Dauer die Magenschleimhaut reizen. Die auf das individuelle Schärfeempfinden abgestimmte Menge hingegen führt zu einer Ausschüttung von Glückshormonen und hat darüber hinaus viele weitere positive Einflüsse auf unsere Gesundheit. Wählen Sie aus der Vielzahl von Sorten die geeigneten für sich aus.

Kultur

Chilis und Paprika können in Form von frischen und konservierten Früchten, Samen oder fertigen Pflanzen bequem im Supermarkt, Baumarkt oder in der Gärtnerei erworben werden. Die Preise sind vermeintlich günstig, die Auswahl nimmt zwar jährlich zu, bleibt letztlich jedoch gering. Die Überlegung liegt also nahe, Chilipflanzen einfach selbst heranzuziehen. Was gibt es schließlich Schöneres, als sonnengereifte Früchte superfrisch, vielfältig und ungespritzt aus dem eigenen Garten, vom Balkon oder sogar von der Fensterbank zu ernten? Wer seine Pflanzen selbst zieht, kann auf hunderte von Sorten aus der ganzen Welt zurückgreifen, die mittlerweile im Internet als Samen oder Jungpflanzen angeboten werden. In den Folgejahren können Sie die Samen problemlos selber von Ihren Pflanzen ernten und wieder verwenden. Einfach die reife Frucht aufschneiden, die Samen herausschaben und ca. 24 Stunden an der Luft trocknen lassen. Gut getrocknete Samen halten sich länger und keimen besser. Sie können nun in Papiertüten oder Ähnlichem an einem kühlen, trockenen und dunklen Ort aufbewahrt werden. Bei optimaler Lagerung ist Chili -Saatgut selbst nach 10 Jahren zu mehr als 50% keimfähig. Vergessen Sie nicht Ihre Ernte zu beschriften!

▼ **Chilisamen im Farben- und Größenvergleich**

Bei der eigenen Samenproduktion kann es - erst recht, wenn viele Sorten auf engem Raum stehen - zu ungewollten Kreuzungen kommen. Aus solchem hybridisierten Saatgut würden in der nächsten Generation Pflanzen mit veränderten Eigenschaften entstehen. Um sortenreines Saatgut zu gewinnen, können Sie einen Zweig der Chilipflanze mit noch ungeöffneten Blüten vor Fremdbestäubung schützen. Hierzu kann man sich eines Teebeutels oder eines ähnlich luftdurchlässigen Materials bedienen. Dieser kann wieder entfernt werden, sobald die Früchte anfangen zu wachsen. Ein paar wenige Früchte reichen in der Regel für die Eigenproduktion aus. Zur Gewinnung von sortenreinem Saatgut können Sie die Samen auch jedes Jahr neu über ausgesuchte Händler erwerben.

Bei F1- Hybriden, die in vielen Sorten im Gartencenter erhältlich sind, lohnt die Aussaat der enthaltenen Samen nicht, selbst wenn man die Blüten vor Fremdbestäubung geschützt hat. In der nachfolgenden Generation bleiben deren sortentypische Eigenschaften oft nicht erhalten.

▲ **Durch das Isolieren von Blüten vor dem Aufblühen mit Teebeuteln oder Papiertüten wird die Bestäubung mit fremdem Pollen ausgeschlossen. Somit bleibt nur die Selbstbestäubung und die Gewissheit, sortenechtes Saatgut zu erhalten.**

Aussaat

▼ **Die Aussaat (von links nach rechts)**

- **Andrücken des Substrats**
- **Ausbringen der Samen**
- **Absieben der Samen**
- **Beschriftung des Topfes**
- **Angießen der Aussaatgefäße**

Für die optimale Entwicklung der Sämlinge und Jungpflanzen ist die Lichtmenge von herausragender Bedeutung. Daher werden die Töpfe hier zur Keimung direkt unter Pflanzenlicht platziert.

Die meisten Chilis und Paprika haben eine relativ lange Vegetationszeit, weshalb der Aussaattermin ziemlich früh im Januar, Februar, spätestens März liegen sollte. Als Substrat empfiehlt sich eine qualitativ gute, möglichst nährstoffarme Aussaaterde mit etwa 1/5 groben Sand, z.B. Rheinsand. In einem solchen Substratgemisch sucht der Keimling nach Nährstoffen und bildet so ein gutes Wurzelgeflecht aus. Statt Sand kann man das Aussaatsubstrat auch mit Perlite oder Vermiculite mischen. Diese sterilen Zusatzstoffe natürlichem Ursprungs verbessern den Luft- und Wasserhaushalt. Sie sind im Fachhandel oder über das Internet verfügbar. Aussaaterde ist in allen Gartencentern in unterschiedlichen Qualitäten erhältlich.

Als Aussaatgefäße können Töpfe, Schalen oder Multitopfplatten dienen. Egal für welche Gefäßform Sie sich entscheiden, es sollte nicht zu viel Saatgut auf einmal ausgesät werden. Für einen 8x8 cm Topf sind 5-10 Samen optimal. Die Aussaatgefäße mit dem Substratgemisch füllen und gleichmäßig leicht andrücken. Dazu eignen sich selbstgemachte Andrückhilfen, die genau den Maßen des Aussaatgefäßes entsprechen. Nachdem die Samen gleichmäßig auf der angedrückten Erde verteilt worden sind, werden diese in Saatkornstärke mit Aussaaterde oder Sand abgesiebt. Hierzu eignen sich feinmaschige Siebe, wie beispielsweise ein Küchensieb oder Puderzuckersieb. Anschließend wird die Aussaat mit einer feinen Brause vorsichtig angegossen.

Die Temperatur während der Keimung sollte optimalerweise zwischen 22-28°Celsius liegen. Dazu eignet sich ein Mini-Gewächshaus, das auf eine beheizte Fensterbank gestellt wird. Darin herrscht die nötige hohe Luftfeuchtigkeit für die Keimlinge.

Ein hilfreicher Tipp:

In voller Sonne kann sich das Anzuchtgewächshaus bereits im Januar und Februar überhitzen. Lüftungsschlitze im Dach, die manuell geöffnet werden können, oder idealerweise ein automatischer Fensteröffner schaffen Abhilfe.

Die Keimdauer liegt bei den meisten Sorten zwischen einer und zwei Wochen. In Ausnahmefällen, gerade bei den Wildarten, kann die Keimung bis zu sechs Wochen dauern. Während der gesamten Zeit müssen die Aussaatgefäße gleichmäßig feucht gehalten werden, um ein Austrocknen der Keimlinge zu verhindern. Wenn die Pflanzen gekeimt sind, tut ihnen ein tägliches Lüften von ca. einer halben Stunde gut, was auch die Gefahr von Pilzkrankheiten senkt.

◀ Nach der Aussaat vergehen ca. 2 bis 3 Wochen bis sich die Sämlinge mit den beiden Keimblättern zeigen. Weitere 2 Wochen später hat sich das erste Laubblattpaar gebildet.

Pikieren

Einige Wochen nach der Aussaat werden die zarten Pflanzen vereinzelt (pikiert). Zu diesem Zeitpunkt sollten sie mindestens ein Laubblattpaar ausgebildet haben. Mit Hilfe eines Pikierstabes oder eines Bleistiftes werden die kleinen empfindlichen Jungpflanzen aus dem Aussaatgefäß einzeln herausgehoben. Dieses sollte mit größter Sorgfalt geschehen, um die feinen Wurzeln möglichst wenig zu verletzen. Sehr lange Wurzeln sollten hingegen um ein Drittel eingekürzt werden. Bei Multizellplatten entfällt das Pikieren. Hier wird getopft, sobald die Zellen gut durchwurzelt sind.
Als Substrat empfiehlt sich qualitativ hochwertige Blumenerde aus dem Handel. Die Erde wird für einen besseren Wasserhaushalt wahlweise mit Perlite, Vermiculite, gesiebtem Bims oder Sand vermischt. Dieses Substrat wird in 9 oder 10 cm Töpfe gefüllt und der Keimling mit Hilfe eines Pikierstabes hineingesetzt.

▼ Etwa 6 Wochen nach der Aussaat werden die Sämlinge aus dem Aussaatgefäß genommen und einzeln in Töpfe gepflanzt.

Eine Temperatur am Tag zwischen 18-26°C und in der Nacht zwischen 14-22°C sind für die Kultur erforderlich, wobei sich die Temperatur am Tag idealerweise am oberen Ende des Spektrums befinden sollte, in der Nacht sind kühlere Temperaturen von Vorteil. Die sogenannte Nachtabsenkung fördert ein stabiles Wachstum und härtet die Pflanzen ab. Ebenfalls positiv auf das Pflanzenwachstum wirkt sich der Cool-Morning-Effekt aus.
Eine Absenkung der Temperatur am Morgen mittels Lüftung führt zu einer Absenkung der durchschnittlichen Tagestemperatur und damit zu einer Verringerung des Längenwachstums, was kompaktere Pflanzen bedeutet. Darüber hinaus verringert der Cool-Morning-Effekt die Anfälligkeit der Pflanzen gegenüber Schädlingen und Krankheiten. Sie werden widerstandsfähiger und kräftiger. Der Effekt ist umso intensiver, je länger und stärker die Temperatur abgesenkt wird. Aber Vorsicht, Temperaturen von unter 6°C schaden den jungen Pflanzen.

▼ Das Pikieren (von links nach rechts)

- **Füllen des neuen Topfes**
- **Vorsichtiges Entnehmen der Sämlinge**
- **Kürzen der Langwurzeln**
- **Andrücken der Jungpflanze**
- **Pikierte und getopfte Jungpflanzen**

Topfen und Auspflanzen

Sobald die Pflanzen eine gewisse Größe, bei den meisten Sorten ca. 20-30 cm, erreicht haben und gut durchwurzelt sind, pflanzt man sie aus oder topft sie in ihren Endtopf. Da Chili und Paprika grundsätzlich wärmebedürftige Pflanzen sind, gedeihen sie am besten im Wintergarten oder Gewächshaus. Denoch können im Freiland ebenfalls gute Erfolge erzielt werden. Allerdings muss hier zum einen das Wetter mitspielen und zum anderen erfolgt die Ernte deutlich später als unter Glas. Grundsätzlich sind bei Freilandkultur Töpfe dem Beet vorzuziehen. Sie wärmen sich schneller auf und sorgen so für angenehme Wurzeltemperaturen. Besonders vorteilhaft ist es, die Pflanzen in schwarzen Kunststofftöpfen vor eine Mauer oder Hauswand in sonniger Lage zu

Ein hilfreicher Tipp:

Ein sonniger Standort ist für die wärmeliebenden Chilis eine gute Wahl. Einzig die Sorten der *Capsicum pubescens*, die aus den Hochlagen der Anden stammt, bevorzugen einen halbschattigen Standort.

platzieren, hier ist der Aufheizungs-Effekt am größten.
Sollen die Pflanzen direkt ins Beet gesetzt werden, sollte man zur Vorbereitung den Boden gut auflockern und Kompost oder Mist einarbeiten. Sehr günstig ist es außerdem, die Chilis nicht auf den flachen Boden zu setzen, sondern Hügelbeete anzulegen. Dazu werden wie auf einem Spargelfeld Erdwälle aufgehäuft, auf deren Sonnenseite man die Pflanzen setzt. Durch den Erdwall wärmt sich der Boden besser auf und Staunässe wird verhindert.

Ein hilfreicher Tipp:

Für das Auspflanzen empfiehlt es sich, eine bewölkte Woche abzuwarten. Ansonsten besteht die Gefahr, dass sich die Jungpflanzen aufgrund der erhöhten UV-Konzentration im Freiland weißliche Verbrennungen zuziehen.

▲ **Das Auspflanzen (von links nach rechts)**

- **Gut durchwurzeltes Substrat**
- **Einsetzen in das Pflanzloch**
- **Andrücken der Jungpflanze**
- **Ausgepflanzte Jungpflanzen an einem sonnigen und geschützten Standort**

Ins Freiland sollten die Chilis erst gesetzt werden, wenn keine Nachttemperaturen mehr von unter +6° Celsius zu erwarten sind. *Capsicum pubescens* verträgt kurzzeitig auch kühlereTemperaturen, aber keinen Frost. Die meisten anderen Sorten jedoch würden bei zu kühlem Wetter in ihrer Entwicklung zurückgeworfen werden. Es empfiehlt sich daher, die Eisheiligen Mitte Mai abzuwarten und sich nicht von den ersten warmen Frühlingstagen locken zu lassen.
Auch im Wohnhaus ist es möglich, Chilis zu halten. Die Sortenwahl sollte die Platzverhältnisse in Ihrer Wohnung berücksichtigen. Geben Sie den Pflanzen den hellsten Platz, den es in der Wohnung gibt, möglichst direkt am Fenster.

Die Pflanzen, die in Topf oder Kübel weiter kultiviert werden, erhalten ein Gemisch aus guter Blumenerde (3/5) und Komposterde (1/5) (falls verfügbar, ansonsten nur Blumenerde) und (1/5) Rheinsand oder Bimskies. Auf diese Art und Weise erhält man ein nährstoffreiches, gut drainiertes Substrat. Wer später nicht regelmäßig nachdüngen möchte, kann einen Depot-/Langzeitdünger nach Herstellerangaben hinzugeben. Für die meisten Sorten empfiehlt sich eine Topfgröße von 22-30 cm. Man sollte sich dabei nach der zu erwartenden Größe der Chili-Sorte richten. Klein bleibende Sorten wie z.B. 'Bonsaichili', 'Minilil' oder 'Santos Flare' begnügen sich mit einem Topfdurchmesser von 12-18 cm.

Ein hilfreicher Tipp:

Ab einer Höhe von 40-50 cm sollten die Pflanzen mit Stäben gestützt werden. Bei schweren oder zahlreichen Früchten droht ansonsten das Abknicken der Triebe. Wählen sie entsprechend der Höhenangaben der einzelnen Sorten von vornherein ausreichend lange Stäbe aus.

Ein hilfreicher Tipp:

Einige Chilisorten, besonders der Art *Capsicum baccatum*, können groß werden und verzweigen sich erst spät. Bei solchen Pflanzen kann man etwa 3-4 Wochen nach dem Topfen bzw. Auspflanzen die Triebspitze mit einer Gartenschere kappen. Dadurch verzweigen sie sich besser und wachsen kompakter.

Nach dem Auspflanzen bzw. Topfen müssen die Pflanzen gut angegossen werden. Nach dem ersten, gründlichen Wässern sollte das Substrat nur leicht feucht gehalten werden, damit die Wurzeln regelrecht nach Wasser suchen und sich somit besser entwickeln. Sie kommen dann später besser mit Trockenheit zurecht. Zu viel Wasser kann zu Fäulnis führen und die Wurzeln können nicht atmen. Auch später ist der Wasserbedarf der Chilis nicht allzu hoch, ein Abtrocknen zwischen den Wassergaben fördert die Schärfebildung der Chilis. Je nach Sorte wird es nach einiger Zeit eventuell erforderlich, die Pflanzen mit Bambusstäben abzustützen. Generell sollte der Standort etwas windgeschützt sein, nur die wenigsten Sorten sind so stabil, dass sie einem Sturm standhalten. Selbst im Gewächshaus benötigen große Pflanzen mit schweren Früchten eine Abstützung, denn das Gewicht ist selten gleichmäßig verteilt und führt irgendwann zum Brechen der Triebe oder zum Umfallen der Pflanze.

▼ Werden die wenigen Regeln für eine erfolgreiche Kultur beachtet, kann sich jeder Pflanzenliebhaber im Spätsommer an solch prachtvollen Pflanzen erfreuen.

Düngung

Viele Menschen handeln bei der Düngung nach dem Motto 'Viel hilft viel'. Über die Düngung lässt sich der Ertrag regulieren, das heißt aber nicht, dass viel düngen auch viel Ertrag bringt. Wie so oft hat ein zu viel des Guten einen gegenteiligen Effekt, der Ertrag nimmt ab und die Pflanze kann im schlimmsten Fall schwere Schäden davontragen. Zu viel oder zu wenig Dünger kann bei der Pflanze Mangel- oder Überschusssymptome hervorrufen, mehr dazu im nachfolgenden Kapitel über Krankheiten und Schädlinge.
Im Freiland reicht in der Regel die Kompost- oder Mistdüngung, die bei der Bepflanzung eingearbeitet wird. Wer nicht über guten eigenen Kompost oder Mist verfügt, kann sich auch mit Tomaten- oder Gemüse-Langzeitdünger helfen. Dieser wird beim Pflanzen mit in den Boden eingearbeitet. Später im Jahr erweisen sich gelegentliche Gaben eines Tomaten- oder Gemüsedüngers als förderlich für den Ertrag.

▲ **Bei scharfen Chilis empfiehlt sich eine 14-tägige Düngung bis zum ersten Fruchtansatz. Danach hilft eine sparsame Wasser- und Düngerversorgung den Schärfegrad der Früchte zu erhöhen.**

Als Kübelpflanze ist der Nährstoffbedarf ein wenig höher, da der Dünger beim regelmäßigen Gießen ausgewaschen wird und ein begrenzter Wurzelraum zur Verfügung steht. Hier sollten die Düngergaben nach Herstellerangaben dosiert alle 7 bis 14 Tage verabreicht werden. Zum Ende der Saison können die Düngermengen langsam reduziert werden. Bei Gemüsepaprikas möchte man natürlich möglichst dicke Früchte ernten und muss diesen dementsprechend auch genügend Dünger zuführen. Bei superscharfen Chilis hingegen hilft eine sparsame Wasser- und Düngerversorgung, die Capsaicin-Konzentration in den Beeren zu erhöhen.
Der Dünger sollte keinen zu hohen Anteil an Stickstoff haben, dafür aber einen hohen Anteil an Kalium, sowie Phosphor, Magnesium und ausreichend Spurenelemente. Das Verhältnis der Hauptnährstoffe Stickstoff (N), Phosphor (P), Kalium (K) liegt dabei ungefähr bei 1,5 zu 1 zu 2.

Die allseits erhältlichen Universaldünger oder das bekannte Blaukorn sind in der Regel zu stickstofflastig, sie fördern dadurch vor allem das vegetative Wachstum und weniger die Blüten- und Fruchtbildung. Hier kann man stattdessen ruhig zu Tomatendünger greifen, da Tomaten vergleichbare Ansprüche haben und die Dünger günstiger als speziell angebotende Chili-Dünger sind.
"Neudorff Azet Tomaten-Dünger" (fest, 7% N, 3% P und 10% K) oder "Dehner Tomaten-Dünger" (flüssig, 6% N, 5% P und 9% K) sind zum Beispiel gut abgestimmte Dünger, die sich hervorragend für die Chili Kultur eignen.

▲ **Mit einer 0,2%gen Düngung im 14-tägigen Abstand lassen sich selbst im Freiland große, saftige und knackige Gemüsepaprika ernten. Empfehlenswert ist ein Dünger mit einer NPK-Formel im Verhältnis von etwa 1,5 : 1 : 2.**

Die „Königsblüte“

Die erste Blüte in der ersten Verzweigung der *Capsicum*-Pflanze wird „Königsblüte“ genannt. In Büchern und im Internet ist immer wieder nachzulesen, dass ein Ausbrechen dieser Blüte den späteren Ertrag deutlich steigern soll. Eigene Versuche konnten diese Hypothese im Allgemeinen nicht bestätigen. Bei Sorten mit kleinen und mittelgroßen Früchten hatten die Pflanzen mit herausgebrochener Königsblüte nicht mehr oder weniger Ertrag als die Exemplare, bei denen wir die Königsblüte belassen haben. Bei den meisten Sorten kann man sich das Herausbrechen also sparen.
Bei großen Gemüsepaprikas, die viel Kraft in ihre erste Frucht stecken, kann es aber durchaus sinnvoll sein, die Königsblüte zu entfernen. Dann hat die Pflanze länger Gelegenheit Grünmasse zu produzieren, bevor sie in die Fruchtbildung geht.

Zusatzbeleuchtung

Da schon früh im Jahr mit der Kultur begonnen wird und wir in unseren Breiten zwischen Februar und April leider zu wenig Tageslicht haben, kann eine Zusatzbeleuchtung sehr hilfreich sein. Besonders zuhause, wo die Pflanzen in der Regel auf der Fensterbank kultiviert werden, kommt es sehr schnell zu Geilwuchs. Die Jungpflanzen schießen in die Höhe auf der Suche nach Licht, bekommen dünne Stiele und müssen schlimmstenfalls schon als Jungpflanze gestützt werden. Die Internodien, der Teil der Sprossachse zwischen zwei Blattpaaren, werden sehr lang, was die Stabilität der Pflanze beeinträchtigt.

▲ **Die 10 Wochen alten Sämlinge wurden mit Drahtringen an Stäben angeleitet und in den Endtopf gepflanzt.**

Eine Zusatzbeleuchtung ist jedoch nicht zwingend notwendig. Sofern ein sehr heller Standort, beispielsweise im Gewächshaus zur Verfügung steht oder die Aussaat erst im April erfolgt, können auch ohne Zusatzbeleuchtung gute Kulturerfolge erzielt werden. Allerdings verzögert sich mit der späteren Aussaat die Fruchtreife ebenfalls um zwei Monate und kann bei späten Sorten in den Oktober oder November fallen. Falls Sie sich entschließen in Zusatzbeleuchtung zu investieren, müssen sie sich zwischen verschiedenen Systemen entscheiden. Es gibt drei verschiedene gängige Pflanzenlampenbauarten:

- Natriumdampflampen (NDL): Sie haben zwar ein für das Pflanzenwachstum gutes Lichtspektrum, aber hohe Anschaffungs- und Energiekosten. Lohnt sich für den Hobbygärtner kaum.
- Leuchtstoffröhre (LSR): Günstige, bewährte aber mittlerweile auslaufende Beleuchtungstechnik
- Lichtemittierende Diode (LED): Diese am besten für den Heimbedarf geeignete Variante zeichnet sich durch hohe Lebensdauer und niedrige Energiekosten aus. Die Entwicklung ist in den letzten Jahren stark vorangeschritten, so dass es mittlerweile eine große Auswahl an speziell für Pflanzen geeignete LED-Lampen zu bezahlbaren Preisen gibt.

▲ **Im hellen Gewächshaus entwickeln sich die Pflanzen prächtig.**

Bei allen Lampentypen ist darauf zu achten, dass sie das richtige Lichtspektrum besitzen. Dieses sollte idealerweise dem natürlichen Sonnenlicht ähneln, ein Lichtspektrum von 400-700 Nanometern ist optimal. Auch die Farbtemperatur sollte in etwa dem Tageslicht entsprechen, 5300-6500 Kelvin sind geeignet. Es werden bei Fachhändlern oder im Internet zahlreiche Lampen angeboten, die speziell für die Pflanzenanzucht geeignet sind - bei diesen ist das blaue und das rote Farbspektrum besonders ausgeprägt. Greifen Sie dabei nicht zu Lampen mit sehr geringen Wattzahlen, weniger Leistung bedeutet weniger Licht und schmälert die Pflanzenqualität.

Sehr vorteilhaft ist es, wenn man die Beleuchtung mit einer Zeitschaltuhr verbindet. Im Innenraum muss die Lampe mindestens 12 Stunden am Tag brennen, damit die Chilipflanzen gedeihen. Am Fensterplatz reicht es aus, den natürlichen Tag durch Kunstlicht am Morgen oder Abend auf mehr als 12 Stunden zu verlängern.

Der Abstand der Lampe zu den Pflanzen ist von ihrer Leistung abhängig. LEDs und Leuchtstoffröhren sollten etwa 20 cm über den Pflanzen platziert werden, um ausreichend hell zu sein, Verbrennungen drohen durch die geringe Wärmeentwicklung kaum. Natriumdampflampen hingegen brauchen mindestens 50 cm Abstand.

▼ Wird eine solch vielfältige und reiche Ernte ab Juli/August angestrebt, muss die Aussaat bereits im Januar/Februar erfolgen. Zu einem solch frühen Zeitpunkt erweist sich eine 10-12 stündige Zusatzbeleuchtung als sehr hilfreich. Die Sämlinge entwickeln sich zu kräftigen und stabilen Jungpflanzen, die deutlich früher zur Blüte kommen. Hinzu kommt, dass deren Triebe später deutlich weniger unter der Fruchtlast brechen.

▲▼ **Gesunde und reichtragende Chilipflanzen zu ziehen, ist nicht schwierig. Sie sind der garantierte Lohn für gute Kulturbedingungen.**

Überwinterung

Die meisten Chili- und Paprikasorten bringen bereits im ersten Jahr einen hohen Ertrag und es lohnt sich rein wirtschaftlich gesehen nicht, sie zu überwintern. Aber sicher ist ihnen das ein oder andere Prachtexemplar, das sie während des ganzen Jahres mühsam vom kleinen Samenkorn zu einer stattlichen Pflanze großgezogen haben, so sehr ans Herz gewachsen, dass Sie sich nur ungern davon trennen möchten. Außerdem hat die mehrjährige Kultur der Pflanzen den Vorteil, dass die folgende Erntesaison früher im Jahr beginnt. Zudem erhält man sich die Sortenreinheit seiner Chilipflanzen, die bei der Verwendung von selbstgesammelten Saatgut nicht immer gewährleistet ist.

Bei der Überwinterung kann man zwei verschiedene Wege einschlagen. Die erste Möglichkeit ist, auch im Winter hohe Temperaturen sicherzustellen. In ihrer amerikanischen Heimat ist es das ganze Jahr über mehr oder weniger gleich warm, so dass die Pflanzen dort fast pausenlos blühen und fruchten. Vorraussetzung, um dies ebenfalls daheim zu praktizieren, ist ein möglichst heller Standort und optimalerweise Temperaturen von über 18°C. Das kann ein Wintergarten, ein Gewächshaus oder ein heller Fensterplatz in der Wohnung sein. Wenn die Pflanze weiter wachsen soll, benötigt sie natürlich auch weiterhin Wasser und Düngergaben. Diese müssen allerdings vorsichtig erfolgen, da der Wasserverbrauch mitunter wesentlich geringer als im Sommer ist. Wenn kein ausreichend heller Standort zur Verfügung steht, empfiehlt sich die Verwendung einer Zusatzbeleuchtung, um die Pflanzen mit genügend Licht zu versorgen.

▲ Im Winterhalbjahr erhalten die Chilipflanzen hierzulande zu wenig Licht. Selbst im Gewächshaus oder Wintergarten fallen als Folge des Lichtmangels einige Blätter. Kühlt es sich im Winterquartier zudem unter 15°C ab, verbleiben häufig nur kahle Stängel, die keinen schönen Anblick bieten. Ab Ende März erwachen die Pflanzen zu neuem Leben und stehen im Sommer prachtvoller und üppiger da, als die Samenanzuchten.

Die zweite Möglichkeit ist eine kühle Überwinterung. Diese erfolgt bei Temperaturen von 10-16°C. Je kühler und dunkler der Standort ist, umso mehr Laub werden die Pflanzen verlieren. Mitunter kann es sinnvoll sein, die Pflanzen vor der Überwinterung zurückzuschneiden und zu entlauben. So kann man auch größere Bestände seiner Pflanzen unterbringen, wenn nicht aussreichend Platz vorhanden ist. Vorteilhaft ist außerdem, dass man die blattlosen Pflanzen auch an dunkleren Plätzen wie z.B. dem Dachboden oder dem Treppenhaus überwintern kann. Auch werden eventuell vorhandene Schädlinge durch das Entlauben nicht mit ins Winterquartier eingeschleppt. Die Pflanzen haben während der kühlen Überwinterung einen sehr geringen Wasserbedarf. Der Wurzelballen sollte nicht vollkommen austrocknen, darf aber keinesfalls zu feucht gehalten werden. Zwischen den Wassergaben empfiehlt es sich, die Erde immer gut abtrocknen zu lassen. Ab März werden die Pflanzen in frische Erde getopft und eingetrocknete Triebe herausgeschnitten. Wenn die Pflanzen anfangen zu wachsen, kann wieder mehr gegossen und auch gedüngt werden. Ab jetzt benötigen die Pflanzen wieder einen hellen Standort.

► Der nächste Sommer kommt bestimmt.

Schädlinge und Krankheiten

▲ Dies sind die Spätfolgen eines unbehandelten Schädlingsbefalls. Auf den zuckerhaltigen Ausscheidungen von Blattläusen und Weißen Fliegen siedeln sich Rußtaupilze an. Deren grauschwarzer Überzug lässt Blätter und Früchte sehr unappetitlich erscheinen.

▼ Blau- und Gelbtafeln helfen den Befall mit fliegenden Insekten einzudämmen. Ebenso zeigen sie einen Schädlingsbefall frühzeitig an.

Chilis sind im Allgemeinen recht unempfindlich gegenüber Schädlingen und Krankheiten. Bei jeder Pflanze kann es jedoch zu Problemen in der Kulturführung kommen, was nicht selten Schädlinge, Pilzkrankheiten oder Mangelerscheinungen mit sich bringt. Im Freiland haben Chili und Paprika in der Regel deutlich weniger mit Schädlingen zu kämpfen als im Gewächshaus oder Zimmer. Durch Wind, Regen, UV-Strahlung und größere Temperaturschwankungen sind die Pflanzen einfach viel abgehärteter. Hinzu kommen natürliche Nützlinge wie Marienkäfer, die im Freien viel einfacher an die Pflanzen gelangen und den Schädlingsbefall eindämmen.

Indoor sind es oft verschiedene Faktoren in der Kultur, die zu einem erhöhten Aufkommen von Krankheiten und Schädlingen führen. Mal ist die Temperatur zu hoch oder zu niedrig, es wurde zu viel oder zu wenig gegossen, die Düngung ist nicht richtig abgestimmt oder die Luftfeuchtigkeit ist zu hoch. Diese oder ähnliche Szenarien stellen oft den entscheidenden Grund dar, weshalb ungebetene Gäste unsere Pflanzen befallen und meistens auch schädigen. Bei genauer Beobachtung der Chilipflanzen können Schädlinge früh erkannt werden, so dass genug Zeit bleibt, die Probleme ohne chemische Pflanzenschutzmittel in den Griff zu bekommen. Wir wollen unsere selbst gezogenen Chilis ja möglichst unbelastet und chemiefrei genießen. Wichtig zur frühzeitigen Schädlingserkennung ist eine regelmäßige Sichtkontrolle der Pflanzen. Gelbe und blaue Leimtafeln (z.B. von Neudorff) sind gute Indikatoren und dienen der Kontrolle von Schadinsekten. Oft sieht man auf den Tafeln, was das Auge auf den Pflanzen übersehen hat. Beim ersten Befall sollte man zunächst eine mechanische Bekämpfung der Schädlinge anstreben, z.B. durch Abreiben der Schadinsekten. Darüber hinaus besteht die Möglichkeit des biologischen Pflanzenschutzes durch Nützlinge, welche Sie bei spezialisierten Anbietern bestellen können. Bezugsquellen finden Sie unter "Nützliche Adressen" im Buch. Es gibt für fast jeden Schädling einen oder mehrere natürliche Gegenspieler. Diese können auf den Pflanzen ausgesetzt werden und bekämpfen dann selbstständig die Schädlinge. Der Nützlingseinsatz sollte unbedingt beim ersten Auftreten der Schädlinge erfolgen, eine zu große Menge an Schadinsekten kann sonst nicht mehr erfolgreich bekämpft werden. Wenn doch mal ein starker Befall an den Pflanzen vorhanden ist, wird es manchmal unausweichlich, zu Pflanzenschutzmitteln zu greifen. Dabei kann man zwischen biologischen oder chemischen Pflanzenschutzmitteln wählen. Falls auf chemische Präparate zurückgegriffen wird, ist darauf zu achten, dass die Mittel für Gemüsepflanzen zugelassen sind und vor dem Verzehr der Früchte die angegebene Wartezeit eingehalten wird. Welche Schädlinge und Krankheiten Ihre Chilis schädigen können und wie man sie am besten bekämpft, erfahren Sie auf den folgenden Seiten.

▼ Ein solch starker Befall mit Blattläusen tritt nicht von heute auf morgen auf, sondern ist das Ergebnis einer mehrwöchigen Entwicklung. Bei regelmäßiger Kontrolle der Pflanze hätte durch frühzeitiges Eingreifen ein massenhaftes Auftreten der Blattläuse verhindert werden können. Jetzt bleibt nur noch der Rückschnitt der befallenen Triebe.

Insekten

Blattläuse

Es gibt Blattläuse in verschieden Farben, ihr Schadbild ist jedoch immer das Gleiche. Sie treten im Frühjahr und Sommer massenhaft auf und schädigen durch das Anstechen und Saugen an den Leitungsbahnen der Pflanze. Zudem sondern sie süßen Honigtau ab, welcher als klebriger Belag auf den

▲ *Aphidius colemani* ist ein geeigneter Nützling zur Eindämmung von Blattläusen.

Pflanzen liegt und häufig zu einem Befall mit Rußtaupilzen führt. Beim ersten sichtbaren Befall kann man die Läuse leicht durch Abreiben oder das Abspritzen mit einem Wasserstrahl bekämpfen.

Geeignete Nützlinge gegen Blattläuse sind Marienkäferlarven, Florfliegenlarven, die Schlupfwespe *Aphidius colemani* oder Gallmücken. Als biologische Pflanzenschutzmittel eignen sich Kaliseife (z.B. Neudorff Neudosan Neu) oder Neem-Öl-Produkte (z.B. Bayer Bio-Schädlingsfrei Neem), die auf die Pflanzen gesprüht werden. Neem-Öl wird aus den Samen des indischen Neembaumes gewonnen und wirkt auf natürliche Weise gegen viele Schädlinge. Bei den behaarten *C. pubescens* können durch die Behandlung mit Neem-Öl eventuell Blattschäden auftreten.

Eine Behandlung mit chemischen Mitteln ist bei Blattläusen normalerweise nicht nötig, zur Not hilft das schonende Mittel "Spruzit Schädlingsfrei" von Neudorff.

► Die winzigen Thripse werden schnell übersehen. Sie halten sich bevorzugt in den Triebspitzen und später in den Blüten auf. Da sie die Blätter in ihrer frühesten Entwicklung anstechen, haben die winzigen Verletzungen deutlich sichtbare Auswirkungen. Verformte und verkrüppelte Blätter sind die Folge. Gelb- und Blautafeln verschaffen Linderung. Ebenso hilft ein Standort im Freiland.

Thripse

Die Thripse oder Fransenflügler sind die wohl hartnäckigsten aller Schadinsekten. Die 1,5-2 mm großen, stabförmigen Tiere vermehren sich rasant und saugen die Pflanzenzellen leer, wodurch zunächst ein silbriger Glanz unter den Blättern zu erkennen ist. In den Blüten der Chilis kann man oft auch

die kleinen Thripse herumlaufen sehen. Später kommt es zu starken Verkrüppelungen von Trieben, Blättern und selbst den Früchten.
Vorbeugend gilt es, trockene Luft zu vermeiden, die diesen Schädling fördert. Gelb- und vor allem Blautafeln helfen auch hier den Befall zu erkennen, ansonsten bemerkt man ihn oft viel zu spät. Pflanzenschutzmittel wie Neem-Öl, "Compo Triathlon" oder "Spruzit" bringen bei mehrmaliger Anwendung in wöchentlichem Abstand Linderung, können die Thripse aber normalerweise nicht komplett abtöten.
Besser ist der Einsatz von Nützlingen, der - frühzeitig angewendet - die Thripspopulation klein hält. Verschiedene Raubmilben, z.B. *Amblyseius swirskii*, eignen sich ebenso wie Florfliegenlarven.

▲ In solchen Beuteln werden die Raubmilben geliefert, in die Pflanzen gehangen und somit ausgebracht.

Trauermückenlarven

Wer kennt nicht die kleinen schwarzen "Fliegen", die sich gerne auf der Erde diverser Topfpflanzen tummeln. Hierbei handelt es sich um Trauermücken, die in geringer Zahl tolerierbar sind und erwachsenen Pflanzen selten schaden. Bei Keimlingen und Jungpflanzen hingegen sollte man handeln, denn die Larven der Trauermücken fressen die zarten Wurzeln ab.
Die beste Vorbeugung gegen die Schädlinge ist qualitativ hochwertige Blumenerde, da man sich die Trauermücken oft schon auf diesem Wege ins Haus holt.
Zur frühzeitigen Erkennung und Bekämpfung sollte man bei seinen Aussaaten und im Jungpflanzenquartier direkt Gelbtafeln mit aufhängen, die die Mücken in der Regel gut in Schach halten. Sollte es trotzdem zu einem stärkeren Befall kommen, kann man die Pflanzen mit "StechmückenFrei" von Neudorff gießen. Eine Tablette in einer Kanne Wasser reichen aus. Noch besser wirken sogenannte "SF- Nematoden", Nützlinge die ebenfalls gegossen werden.

▼ Weiße Fliegen halten sich bevorzugt auf den Blattunterseiten auf.

Weiße Fliege

Die weiße Fliege, auch Mottenschildlaus genannt, sieht wie eine winzige Motte aus und sitzt vor allem an den Blattunterseiten. Wenn man eine befallene Pflanze berührt fliegen sie auf, darum bemerkt man einen Befall meist recht zügig. Die

Schädigung der Pflanze ist die gleiche wie bei der Blattlaus. Das vorbeugende Aufhängen von Gelbtafeln oder -Stickern zeigt einen Befall früh an und dezimiert die Schädlinge. Durch Spritzen mit Kaliseife und Neem-Öl kann man die Mottenschildlaus bekämpfen, mindestens drei Behandlungen im Abstand von einer Woche sind notwendig.
Ein effizienter Nützling gegen die Weiße Fliege ist die Schlupfwespe *Encarsia formosa*. Sie parasitiert den Schädling und tötet ihn ab.
Bei sehr starkem Befall kann man zu "Schädlingsfrei Triathlon" von Celaflor greifen.

Milben

Spinnmilben

▼ **Der silbrige Glanz auf der Rückseite eines von Spinnmilben befallenen Blattes entsteht durch die ausgesaugten und abgestorbenen Zellen.**

Die winzigen Roten Spinnen oder Spinnmilben werden eigentlich nur bei trockener Wohnungsluft zum Problem. Die Tierchen selber sind kaum zu erkennen, sie produzieren aber hauchdünne Spinnfäden, die vor allem die Triebspitzen umhüllen. Durch Aussaugen der Pflanzenzellen sind die Blätter gelb gesprenkelt manchmal silbrig glänzend. Unternimmt man nichts, sterben die Bätter irgendwann ab und die Pflanze kümmert.
Eine ausreichend hohe Luftfeuchte ist zur Vorbeugung der Spinnentiere wichtig, bei Befall sollte man die Pflanzen täglich mit Wasser besprühen und ihnen einen weniger trockenen Platz geben. Zur Behandlung kann man Neem-Öl-Produkte mehrmals anwenden, am effektivsten jedoch sind Raubmilben. *Amblyseius californicus* kann vorbeugend ausgebracht werden und schützt die Pflanze für Wochen, *Phytoseiulus persimilis* wirkt effektiver, braucht jedoch 60-70% Luftfeuchte. Als chemisches Spritzmittel ist "Spinnmilbenfrei" im Handel erhältlich.

Weichhautmilben

Weichhautmilben sind noch kleiner als Spinnmilben und produzieren auch keine Spinnenfäden. Sie treten bei Chilis relativ selten auf, aber wenn doch, dann führen sie zu dramatischen Schäden. Die Tiere leben auf und in der Außenhaut der Pflanze, saugen ihre Zellen aus und sondern Wuchshemmstoffe ab. Das führt zu heftigen Deformationen, mitunter sterben ganze Triebspitzen der Chilis ab. Ein Nützlingseinsatz hat nur Wirkung, wenn Raubmilben (*Amblyseius barkeri*) vorbeugend ausgebracht werden. Wenn nur eine Pflanze befallen ist, sollte man die betroffenen Pflanzenteile abschneiden oder gleich die ganze Pflanze entsorgen und sofort reichlich Raubmilben über alle Pflanzen ausbringen. Bei einem fortgeschrittenen Befall muss man bei diesem beängstigenden Schaderreger zu härteren Mitteln greifen, z.B. "Milben-Ex" von Dr.Stähler. Selbst bei mehrmaliger Anwendung ist ein Erfolg jedoch nicht garantiert.

◄ Die Weichhautmilbe ist ein Schädling, der die Entwicklung einer Pflanze so dramatisch beeinflussen kann, dass keine Früchte gebildet werden können. Zunächst ähnelt das Schadbild einem Befall mit Thripsen. Beginnen die Triebspitzen aber gänzlich abzusterben, ist dies ein sicheres Anzeichen für Weichhautmilben.

Schnecken

Schnecken können in der Aussaat schnell mal über Nacht alle Keimlinge abfressen. Dagegen hilft eine stetige Kontrolle des Bestandes und ein für Schnecken unzugänglicher Standort, z.B. ein Mini-Gewächshaus. Schnecken werden aber eigentlich nur im Freiland zum Problem. Ein probates Mittel bleibt nach wie vor das Absammeln der Schnecken. Früh am Morgen und spät abends sind sie am aktivsten. Zudem empfiehlt es sich morgens zu gießen, weil Schnecken eher

▼ Fraßspuren von Schnecken

nachts kommen und sie trockenen Boden nicht mögen. Ein wirksames Mittel gegen Schnecken ist Schneckenkorn, z.B. Ferramol von Neudorff oder Schneckenkorn von Compo. Später im Jahr muss ebenfalls weiter auf Schnecken geachtet werden. In seltenen Fällen gehen Schnecken sogar an die Früchte der Chilipflanzen.

► **Große Pflanzen werden selten von der Stängelgrundfäule befallen.**

Pilzkrankheiten

▼ **Umfallkrankheit bei Sämlingen hervorgerufen durch Stängelgrundfäule**

Pilze treten unter normalen Bedingungen selten bei unseren Chilis auf, junge oder geschwächte Pflanzen können ihnen jedoch manchmal zum Opfer fallen. Bei den Keimlingen kommt es gerne zur so genannten Umfallkrankheit oder Stängelgrundfäule, ausgelöst durch Pilze der Gattung *Pythium*. Dabei werden die Stängel der Keimlinge glasig, trocknen ein und das Pflänzchen fällt um. Die betroffenen Keimlinge müssen unbedingt aus dem Aussaatgefäß entfernt werden. Die restlichen Pflanzen sollten, damit sie nicht ebenfalls erkranken, mit einem Fungizid gegossen werden, z.B. "Alitis Spezial-Pilzfrei" von Bayer. Ein Fungizid kann auch vorbeugend, direkt bei der Aussaat verabreicht werden. Eine Heilung von bereits befallenen Pflanzen ist nicht möglich, deshalb ist Vorbeugung besonders wichtig. Für die Aussaat

sollte man qualitativ hochwertige Blumenerde verwenden, die frei von Pilzsporen sein dürfte. Wer ganz sicher gehen will, sterilisiert die Aussaaterde im Backofen bei 120°C für 4-8 Minuten oder in der Mikrowelle für ca. 3-6 Min. auf maximaler Stufe.
Die richtige Feuchtigkeit ist ebenfalls entscheidend für die Prävention von pilzlichen Krankheiten. Aussaaten brauchen zwar ein stets feuchtes Substrat, stauende Nässe muss aber vermieden werden, da sich sonst schnell Pilze ansiedeln können.
Auch bei älteren Pflanzen kommen Pilzerkrankungen eigentlich nur vor, wenn die Chilipflanze in verdichteter, ständig nasser Erde steht. In Töpfen auf der Terasse oder im Garten ausgepflanzt, besteht bei langen Regenphasen ein erhöhtes Risiko. Die Pilze *Pythium* und *Verticillium* können unter solchen Bedingungen zum Absterben der Wurzeln und Verstopfung der Leitungsbahnen im Stängel führen und sorgen letztendlich für ein Welken und Absterben der ganzen Pflanze. Befallene Pflanzen sind nicht mehr zu retten und sollten entsorgt werden, aber bitte nicht zum Kompost geben.
In seltenen Fällen können verschiedene Pilze und auch Bakterien zum Faulen von Früchten und Trieben führen. Betroffene Pflanzenteile müssen umgehend entfernt werden. Die beste Vorbeugung ist hier ein luftiger Standort mit einer nicht zu hohen Luftfeuchte von 50-70% und genügend Pflanzenabstand.

▲ Fäulnis an einer Frucht hervorgerufen durch Pilze. Befallene Pflanzenteile müssen sofort entfernt werden.

Mangelerscheinungen

Falsches Gießverhalten, nicht optimales Substrat und zu niedrige oder zu hohe Düngergaben können zu Schadbildern führen, die nicht durch Tiere oder Pilze bedingt sind.
Wenn man die Pflanzen nicht oder zu wenig düngt, tritt gerne ein Stickstoffmagel auf. Er ist leicht daran zu erkennen, dass die Blätter der Pflanze hellgrün werden und die Pflanze wenig Masse zulegt. Durch eine optimale Düngung, wie im Buch beschrieben, kann der Mangel leicht behoben werden.
Ein Überschuss an Stickstoff durch eine zu reichhaltige Düngung äußert sich durch dunkelgrüne, mastige Pflanzen, die dadurch anfällig für Schädlinge und Krankheiten sind. In diesem Fall ist die Düngung vorerst einzustellen.
Seltener kann ein Magnesiummangel vorliegen. Auch hier werden die Blätter hellgrün, allerdings bleiben im Gegensatz

▼ Gelbgrüne Blätter teils mit hervortretender Blattaderung sind Anzeichen für Mangelerscheinungen.

► **Um der Blütenendfäule vorzubeugen, sollten Schwankungen in der Wasserversorgung und Temperaturstürze vermieden werden. Ein pH-Wert des Bodens um 6,5 ist ebenfalls hilfreich. Bei akuten Problemen hilft die Gabe von Calcium. Lösen Sie eine Calciumtablette aus der Apotheke oder Drogerie in 1l Wasser auf und besprühen sie die Pflanze damit.**

zum Stickstoffmangel die Blattadern normal grün. Der Mangel tritt zunächst an den älteren Blättern auf. Magnesiummangel kann auch bei ausreichender Düngung auftreten, wenn der pH-Wert des Bodens zu niedrig, sprich zu sauer ist. Ein zu niedriger pH-Wert vermindert die Aufnahme bestimmter Mineralien, dies kann bei Verdacht mit einem pH-Teststreifen überprüft werden. Erde für Chilis sollte einen pH-Wert zwischen 6 und 7 haben. Einer Versauerung kann vorgebeugt werden, indem man seine Pflanzen mit kalkhaltigem Leitungswasser gießt. Im Garten sollte man zu sauren Boden vor dem Auspflanzen der Chilis kalken.

▲ **Stickstoffmangel (oben) und Magnesiummangel bei Jungpflanzen.**

Bei *Capsicum* kann es, wie auch bei Tomaten, zu einer so genannten Blütenendfäule kommen. Dabei bilden sich meist am Ende der Früchte große, braune, weiche Flecken. Die Blütenendfäule ist trotz ihrer ähnlichen Symptome keine Pilzkrankheit, sondern durch Calciummangel ausgelöst. Dieser entsteht jedoch oft nicht dadurch, dass tatsächlich zu wenig Calcium im Boden ist, sondern durch einen gestörten Transport des Nährstoffs in der Pflanze. Dies kann durch schwankende Wasserversorgung und Temperaturen sowie häufig durch sehr hohe Luftfeuchte bedingt sein. Wenn der pH-Wert des Bodens stimmt, somit genug Kalk (Calcium) vorhanden ist und trotzdem Blütenendfäule auftritt, müssen die ungünstigen Bedingungen verbessert werden. Um einen akuten Mangel zu lindern, kann die Pflanze über die Blätter mit Calcium versorgt werden. Dazu gibt es spezielle Calcium-Blattdünger, alternativ kann man eine Calciumtablette in 1l Wasser auflösen und über die Blätter und Früchte sprühen.

ENSAIMADAS
SOBRASADA
CHOCOLATE
ENSAIMADAS
CABELLO DE
ANGEL
LISA

Ernten und Verarbeiten

Fühlen sich die Pflanzen wohl und gedeihen prächtig, kann man sich ab Spätsommer vor Früchten kaum noch retten. Frisch sind sie zwar einige Tage haltbar, doch wer hat schon Lust Hunderte von superscharfen Chilis roh zu verspeisen?
Zum Glück lassen sich Chili und Paprika ohne große Mühe zu vielfältigen Gerichten verarbeiten und konservieren. Dieses Buch liefert Ihnen einige tolle Verarbeitungs- und Rezeptideen, mit denen der Einstieg in die kulinarische Welt dieser Beeren leicht fällt.
Ob direkt zu einer frischen Mahlzeit gekocht, zu Sauce verarbeitet oder durch Trocknen oder Einlegen die Früchte an sich konserviert, es ist sicher etwas nach Ihrem Geschmack dabei!

Beim Hantieren mit den kleinen Capsaicin-Bomben sollte man jedoch ein wenig Vorsicht walten lassen, damit das Kochen weiterhin Freude macht. Beim Schneiden von sehr scharfen Chilis sollte man unbedingt Handschuhe tragen. Empfindliche Personen könnten durchaus ein Brennen auf der Haut verspüren, so richtig unangenehm wird es aber erst, wenn man sich mit den "kontaminierten" Fingern in den Augen reibt oder an andere empfindliche Stellen gelangt.
Außerdem sollte man beim Arbeiten mit superscharfen Chilis für eine ausreichende Belüftung sorgen, die Ausdünstungen der Chilis können einen zu Tränen rühren und die Atemwege reizen.
Wer diese Hinweise beachtet, hat mit Sicherheit viel Freude am Kochen und Verarbeiten und wird schnell merken, wie "süchtig" man nach den teuflischen Beerenfrüchten werden kann.

▼ Ein Dörrgerät mit Thermostat und Zeitschaltuhr leistet beim Trocknen hervorragende Dienste.
Kühl, dunkel und luftdicht gelagert, können getrocknete Chilis mindestens 3 Jahre verwendet werden

▼ Bei der Zubereitung unbedingt Handschuhe tragen! Wer dieses vergisst und sich anschließend unbedacht die Augen reibt oder andere empfindsame Körperregionen berührt, wird nachdrücklich daran erinnert, beim nächsten Mal Handschuhe zu verwenden.

▲ Dünnwandige Früchte lassen sich hierzulande im Spätsommer in der Sonne trocknen.

Trocknen

Wenn die große Ernte eingefahren ist, stellt sich die Frage: Wie konserviere oder verarbeite ich die Masse an Früchten? Niemand kann und sollte kiloweise frische, unter Umständen superscharfe Chilis verspeisen. Hier bietet sich das Trocknen als eine der klassischen Methoden der Haltbarmachung an.
Mit der richtigen Technik kann man jede Chili oder Paprika trocknen, allerdings bieten sich dünnwandige Chilis besonders dafür an. Die besondere Eignung zum Trocknen finden Sie unter dem Punkt "Verwendung" in den Sortenbeschreibungen.
Manche dünnwandige Chilisorte trocknet bereits an der Pflanze ziemlich stark ein. Dennoch haben die Früchte, obwohl sie trocken aussehen, immer noch zu viel Wasser in sich, um jahrelang gelagert zu werden.

In südlichen Ländern werden Chilis seit Jahrhunderten in der Sonne liegend oder hängend an der Luft getrocknet, mitunter auch mal gerne direkt am Straßenrand! Wenn das Wetter zur Erntezeit noch warm und sonnig ist, kann der Hobbyzüchter auch hierzulande seine Ernte in der Sonne trocknen lassen. Dies ist allerdings nur mit dünnwandigen Früchten zu empfehlen, da sonst die Gefahr von Schimmelbildung zu groß ist. Zum Lufttrocknen werden die Chilis einfach auf Papier oder ähnlichem in der Sonne ausgebreitet, oder man fädelt sie der Reihe nach auf einem Bindfaden auf und hängt sie an einen luftigen Ort. In jedem Falle kann das Trocknen einige Tage dauern, die Früchte müssen wirklich staubtrocken sein. Zu Ketten aufgefädelte Chilis werden übrigens schon seit langem in vielen Ländern produziert. Ristras heißen sie in New Mexico, eine Bezeichnung, die ebenfalls hierzulande verwendet wird.

Auch dickfleischige Chilis und Paprika können getrocknet werden. Dazu benötigt man idealerweise ein elektrisches Dörrgerät. Je nach Dicke des Fruchtfleisches werden die Chilis zwischen 5 und 7, gelegentlich 8 Stunden bei 60-70°C getrocknet. Dies kann alternativ auch im Backofen durchgeführt werden, idealerweise bei Umluftbetrieb. Damit die Feuchtigkeit entweichen kann, sollte man den Backofen während des Trocknungsprozesses hin und wieder kurz lüften.

Die getrockneten Chilis lassen sich hervorragend zu Flocken oder Pulver weiterverarbeiten. Das kann bei kleinen Mengen per Hand im Steinmörser erfolgen, ansonsten leistet eine elektrische Gewürz-oder Kaffeemühle gute Dienste. Auch hier gilt, die Früchte müssen zum Pulverisieren knochentrocken sein. Die ganzen oder zermahlenen, getrockneten Chilis lassen sich gut in Gläsern aufbewahren und halten dann mehrere Jahre.

Chili-Salz

Arbeitszeit:
10 min

Zutaten (für 200 g Chili-Salz):
150 g hochwertiges Salz, z.b. grobes Meersalz, 50 g getrocknete Chilis bzw. Chilipulver

Zubereitung:
Getrocknete Chilis zunächst zu Pulver mahlen. Nun das Pulver zusammen mit dem Salz in einen Mörser geben und das Pulver gut in das Salz einarbeiten. Grobes Salz so lange mörsern, bis es die gewünschte Feinheit erlangt hat.

Das fertige Salz in einem dichten Behälter aufbewahren, damit es nicht feucht wird und sein Aroma behält.

▲ **Chili-Salz ist einfach herzustellen, schmeckt gut und lässt sich in der Küche vielfältig verwenden. Eine tolle Möglichkeit, ihre Ernte zu verarbeiten. Reiben Sie doch z.B. mal vor dem nächsten Grillen das Fleisch mit dem Chili-Salz ein!**

▲ Das Einlegen von Lebensmitteln in Essig ist eine alte Methode der Haltbarmachung. Uns geht es aber bei Chili und Paprika nicht nur ums reine Konservieren! Das saure Einlegen ist auch eine kulinarische Aufwertung, die den Früchten ein ganz neues Aroma und Verwendungsmöglichkeiten beschert. Die eingelegten Chilis eignen sich als Antipasti, in Salaten oder als Beilage zu Gegrilltem.

Einlegen in Essig

Zeitangaben:

1. Arbeitsschritt: ca. 30 min
2. Arbeitsschritt: 20–30 min

Zutaten für 4 große Einmachgläser (ca. 600 ml):

600–700 g Chilis oder Paprika, 1 l Essig (am besten Branntweinessig), 2 l Wasser, 290 g Salz, Knoblauch, Zwiebeln, je nach Geschmack Kräuter und Gewürze (Lorbeerblätter, Senfkörner etc.)

Zubereitung:

Zunächst die Früchte waschen, die Chilis der Länge nach halbieren und den Strunk und die Samen entfernen. Prinzipiell lassen sich alle Sorten einlegen, jedoch sind knackige, saftige Sorten empfehlenswert, z.B. fast alle Ajis, Gemüsepaprika und Peperonis. Bei Bedarf kleinschneiden, damit sie ins Einmachglas passen. Wer möchte, kann die Früchte auch ganz lassen, dann sollten sie aber gut durchlöchert werden, damit später der Essigsud überall eindringen kann.

Nun werden sie ein paar Stunden in Salzlake (1 l Wasser und 250 g Salz) eingelegt, das konserviert und entzieht den Chilis/Paprika Wasser.

Nach dem Salzbad die Früchte abwaschen. Die Einmachgläser mit kochendem Wasser ausspülen, um sie zu desinfizieren, danach die Chilis in die Gläser füllen und je nach Geschmack Knoblauch, Zwiebeln und Kräuter hinzugeben. In einem Topf 1 l Wasser zusammen mit 1 l Essig und etwa 40 g Salz zum Kochen bringen und in die Gläser füllen, sodass der Inhalt komplett bedeckt ist. Die Gläser sofort gut verschließen und auf den Kopf stellen, damit sich ein Vakuum bildet. Wenn sie abgekühlt sind, kann man sie umdrehen, der Deckel sollte dann nach innen gewölbt sein, ansonsten hat die Konservierung nicht funktioniert.

▲ Rocoto Relleno (relleno heißt gefüllt) ist ein traditionelles peruanisches Gericht und das Markenzeichen der Stadt Arequipa. Es wird üblicherweise zusammen mit einem einfachen Kartoffelauflauf, dem so genannten "Pastel de Papas" serviert.
Frische Rocotos sind in Geschäften sehr selten zu bekommen, deswegen baut man sie am besten selber an.

Rocoto Relleno

Zeitangaben:

Vorbereitung: ca. 60 min
Zubereitung: 30-35 min

Zutaten für 4 Portionen:

für die Rocotos: 8-12 möglichst große Rocotos, 250 g Rinderhackfleisch, 1 Karotte, 1 kleine Zwiebel, 1 Knoblauchzehe, 1 Chili (klassischerweise ´Aji Amarillo`), 1 Ei, 1 Hand voll Rosinen (ca. 30 g), Speiseöl, etwas geriebener Käse (Rest vom Kartoffelauflauf), je eine Prise Salz, Pfeffer, Oregano, Kreuzkümmel

für den Kartoffelauflauf: 6 Kartoffeln, 100 ml Milch, 100 ml Sahne, 2 Eier, 200 g geriebener Käse, Speiseöl, eine Prise Muskatnuss, Salz und Pfeffer

Zubereitung:

Die Kartoffeln schälen, kochen und in Scheiben schneiden. In einer Schüssel Milch, Sahne und die 2 Eier verrühren und mit Salz, Pfeffer und Muskat würzen. Auf den Boden einer Auflaufform etwas Speiseöl verteilen und darauf die erste Lage Kartoffelscheiben geben. Nun folgt eine Lage geriebener Käse und eine Portion der eben angerührten Soße. Das Ganze wird schichtweise wiederholt, bis alle Kartoffeln verbraucht sind. Den Abschluss sollte eine schöne Schicht Käse bilden, damit er im Ofen goldbraun überbackt. Eine Hand voll Käse zurückhalten, da dieser für die Rocotos benötigt wird.

Nun begeben wir uns an die Zubereitung der Rocotos. Als erstes ein Ei hart kochen. In der Zwischenzeit die Rocotos waschen, den Deckel aufschneiden und für später aufheben. Den Strunk und die Samen entfernen.
Das Hackfleisch mit etwas Öl in einer Pfanne anbraten. Die Zwiebel, Knoblauchzehe, Karotte und die Chili in kleine Würfel schneiden, das Ei pellen und ebenfalls würfeln. Alles mit in die Pfanne geben, die Rosinen hinzufügen und verrühren. Wenn das Hackfleisch gar ist, die Mischung mit den Gewürzen abschmecken und in die Rocotos füllen. Oben mit etwas Käse bestreuen und den Deckel der Rocotos wieder aufsetzen. Die gefüllten Früchte werden oben auf dem Kartoffelauflauf platziert. Das Ganze wandert anschließend für 30-35 Minuten bei 180°C Umluft oder 200°C Ober/Unterhitze in den Backofen. Wenn der Käse goldbraun und die Chilis etwas weich geworden sind, kann das Relleno serviert werden.

Ein guter Tipp:

Rocotos in dieser Menge sind sehr scharf. Wem das zu viel des Guten ist, der sollte die Früchte bereits ein paar Stunden vorher aufschneiden und in Milch einlegen. Vor der Weiterverarbeitung die Früchte einmal auswaschen.

▲ Garnelen sind lecker, proteinreich und kalorienarm. Perfekt zu den Meeresfrüchten passt eine angenehme Schärfe durch eine Chili-Marinade. Gegrillt und mit Pernod flambiert gesellen sich die Tiere gerne zu Jacobsmuscheln und tropischer Ananas.

Flambierte Chili-Garnelen

Zeitangaben:

Vorbereitung: 15-20 min
Zubereitung: ca. 10 min

Zutaten für 4 Spieße:

24 Garnelen (z.B. White oder Black Tiger Shrimps), 4 Schaschlikspieße, 1 Tomate, 1 Knoblauchzehe, Chilis nach Geschmack, 2 EL Pflanzenöl, 1 EL Pernod (oder anderer Anisschnaps), 1/4 TL Safranfäden, Prise Salz, Pfeffer und Zucker, 4 Jacobsmuscheln (im Idealfall mit Schale als Deko), etwas Parmesan, 1 Ananas

Zubereitung:

Die Garnelen bei Bedarf schälen und jeweils 6 auf einen Schaschlikspieß aufspießen.
Die Tomate häuten, Kerne und Strunk entfernen und das Fruchtfleisch in kleine Würfel hacken. Knoblauchzehe und Chili ebenfalls kleinhacken.
Nun Tomate, Chili, Knoblauch, das Pflanzenöl, Safran, Salz, Pfeffer und Zucker in einer Schüssel zu einer Marinade verrühren. Jetzt werden die Garnelenspieße auf ein Stück Alufolie gelegt und mit der Marinade bedeckt. Die Alufolie wird zu einem Paket verpackt und sollte bis zum Grillen gerne noch ein Weilchen durchziehen. In der Zwischenzeit wird schon einmal die Ananas geschält, der

Strunk entfernt und die Frucht in Scheiben geschnitten.

Ist der Grill angeheizt, wird die Ananas für ein paar Minuten direkt auf den Grillrost gelegt, bis sie gebräunt ist. Das Paket mit den Garnelenspießen wird geöffnet und mit der Alufolie auf den Grill gelegt, die vorgerösteten Ananasscheiben kommen dazu. Die Jacobsmuscheln werden ebenfalls auf einem Stück Alufolie auf den Grill gelegt und mit Parmesan bestreut.

Nach 2 Minuten die Jacobsmuscheln, nach 3-4 Minuten die Garnelenspieße wenden, danach noch einmal die gleiche Zeit garen lassen. Die Jacobsmuscheln vom Grill nehmen, die Garnelen flambieren. Dazu Pernod in einen Esslöffel geben, anzünden und vorsichtig über die Garnelenspieße auf dem Grill gießen. Nun kann angerichtet werden.

Sehr schick sieht es aus, wenn man je einen Spieß und eine Jacobsmuschel zusammen mit 1-2 Ananasscheiben und einem Löffel der Marinade in einer Muschelschale anrichtet.

▲ Chili con Carne ist ein wahrer Klassiker der Tex-Mex-Küche. In den südlichen USA, wo es entstanden ist, aber auch in Mexiko, wird es oft einfach nur „Chili" genannt. Bei der vegetarischen Variante "Chili sin Carne" wird das Hackfleisch durch Gemüse ersetzt.

Chili con Carne

Zeitangaben:

Zubereitung: ca. 60 min

Zutaten:

500 g Hackfleisch, 1 Dose Mais (ca. 200 g), 2 Dosen Kidneybohnen (ca. 500 g), 3–4 Möhren (ca. 150 g), 2 große Zwiebeln, 2–3 Knoblauchzehen, 2 große Block- oder Spitzpaprika, 250 ml Gemüsebrühe, 500 g passierte Tomaten, 1–2 EL Tomatenmark, Pfeffer, Salz, Paprikapulver, 30–40 g Chilis (Schärfegrad je nach Geschmack), alternativ Chilipulver

Zubereitung:

Zunächst die Zwiebeln und den Knoblauch abziehen, die Möhren schälen und alles in kleine Würfel schneiden.
Die Paprika waschen, halbieren, entkernen und in Würfel schneiden, die Chili waschen und hacken. Ein wenig Öl in einem großen Topf oder in einer hohen Pfanne erhitzen.
Die Zwiebeln darin andünsten. Nun das Gehackte hinzufügen, mit Salz und Pfeffer würzen und braun anbraten, dabei gelegentlich durchrühren.
Chili und Möhrenwürfel hinzufügen und kurz mitbraten. Anschließend ebenfalls Paprikawürfel und Brühe hinzufügen, alles zum Kochen bringen und bei geschlossenem Deckel ca. 5 Minuten köcheln lassen.

Die Bohnen zunächst in einem Sieb abspülen und dann untermengen.
Passierte Tomaten, Mais und Tomatenmark unterrühren, alles mit Paprikapulver sowie evtl. Chilipulver würzen und noch ca. 30–40 Minuten weiter bei schwacher Hitze köcheln lassen.
Knoblauch erst kurz vor Ende der Kochzeit hinzugeben, damit sein Aroma nicht verloren geht.

Servieren und genießen!

Gefüllte Paprikaschoten

Zeitangaben:

Vorbereitung: ca. 20 min
Zubereitung: 40-50 min

Zutaten für 4 Personen:

4 große Paprika, 500 g gemischtes Hackfleisch, 125 g Reis, 1 Zwiebel, 2 Knoblauchzehen, Salz, Pfeffer, Paprikapulver, nach Geschmack frische Chilis oder Chilipulver, etwas Öl oder Wasser

Zubereitung:

Zuerst den Reis nach Packungsanleitung kochen. In der Zwischenzeit Paprika waschen, den Deckel herausschneiden und die Samen entfernen. Zwiebeln, Knoblauch und wenn gewünscht Chilis fein würfeln. Zusammen mit ordentlich Salz, Pfeffer, Paprikapulver und dem gekochten Reis unter das Hackfleisch mischen.

Die Paprika randvoll mit der Fleischmasse füllen und den Deckel wieder aufsetzen. In eine Auflaufform etwas Öl oder Wasser geben, die Paprika hineinstellen und ab in den Ofen damit.

Bei 180°C sind die Paprika bei Ober-/Unterhitze nach ca. 50 Minuten, bei Umluft nach etwa 40 Minuten gar.

▲ Gefüllte Paprika gibt es in unzähligen Varianten. Wir stellen Ihnen eine ganz klassische, "deutsche" Version mit Hackfleischfüllung vor. Sie ist recht simpel zubereitet und schmeckt herzhaft lecker. Dazu passt sehr gut eine selbstgemachte Chilisauce.

▼ Wer kennt sie nicht, die leckeren Jalapeño-Poppers vom Mexikaner? Machen Sie die Köstlichkeit doch einfach mal selbst! Eine prima Vorspeise, die sich gut mit Nachos kombinieren lässt. Dazu passt Salsa, Sour Cream oder Guacamole.

Jalapeño-Poppers

Zeitangaben:

Verarbeitung: ca. 15 min, Füllen und Panieren: 30–40 min, Frittieren: 5 min

Zutaten für 10 Stück:

10 frische Jalapeños, 150 g Frischkäse, Paniermehl, Milch, Mehl, 2 Eier, Salz, Pfeffer, Frittierfett, evtl. Speck-, Zwiebel-, oder Chiliwürfel

Zubereitung:

Die Chilis von der Spitze der Länge nach aufschneiden, aber nur bis zur Stielbasis, damit die Hälften noch zusammenhalten. Nun die Jalapeños aufklappen, um Samen und Strunk zu entfernen.

Der Frischkäse wird mit einer Prise Salz und Pfeffer gewürzt und kann je nach Geschmack noch mit Speck-, Zwiebel- und/oder Chiliwürfeln vermengt werden. Die Masse wird anschließend mit einem Löffel in die Jalapeño gestrichen und die Frucht wieder zugeklappt.

Milch, Mehl und Paniermehl in jeweils eine Schale füllen, zwei Eier in eine weitere Schale schlagen, Eigelb und Eiweiß miteinander verrühren. Die Jalapeños werden zuerst in Milch getaucht, dann in Mehl gewälzt, anschließend in die Eimasse getaucht und schließlich in Paniermehl gewälzt.

Das Frittierfett auf ca. 170°C erhitzen und die panierten Chilis ca. 5 Minuten darin baden lassen. Nun nur noch die goldgelben Früchte aus dem Fett holen und auf Küchenkrepp abtropfen lassen, fertig!

Salsa

Zeitangaben:

Vorbereitung: ca. 20 min, Kochen: 60 min, Abfüllen: 5-10 min

Zutaten für 1,5l Salsa

2 rote Paprika, 2 grüne Paprika, 1 gelbe Paprika, 4 Zwiebeln, 1 kg frische Tomaten, 2 EL Zucker, 2 EL Salz, 4 Priesen Pfeffer, 4 Priesen Kreuzkümmel, 2-3 cl Rotweinessig 2-3 mittelscharfe Chilis

Zubereitung:

Die Paprika, Zwiebeln und Tomaten in kleine Würfel schneiden und alles in einem Topf für ca. 60 min bei mittlerer Hitze kochen lassen. Nach ca. 15 min der Kochzeit Salz, Kreuzkümmel, Pfeffer, Zucker und Rotweinessig hinzugeben. Außerdem die Chilis fein hacken und unterrühren. Nun die Salsa heiß in ausgekochte Gläser abfüllen und auf den Kopf stehend erkalten lassen. Dadurch bildet sich ein Vakuum und die Salsa bleibt länger haltbar. Je nach Geschmack und Vorliebe kann man statt den mittelscharfen Chilis auch wesentlich schärfere Sorten oder Pulver verwenden.

▼ Salsa ist ein mexikanischer Klassiker und der ideale Partner der Nacho-Chips.
Es ist immer ratsam ein paar Gläser auf Vorrat zu haben, wenn man mal wieder Heißhunger auf Nachos bekommt!

Karibiksauce

Die Küche der Karibik ist gekennzeichnet von tropischen Früchten und scharfen Chilis. Besonders die *Capsicum chinense* mit ihrem exotischen Aroma hat es den Inselbewohnern angetan. Holen auch Sie sich ein Stück karibisches Flair mit dieser fantastischen Sauce nach Hause!
Sie passt hervorragend zu gegrilltem oder gebratenem Geflügel, Schweinefleisch und Fisch.

Alle aromatischen *C. chinense*-Sorten wie z.B. Habaneros, Fatalii oder Bhut Jolokia sind für diese Sauce bestens geeignet.

Zeitangaben:

Vorbereitung: 20-30 min,
Kochen: ca. 20 min, Abfüllen: 5-10 min

Zutaten (für ca. 500 ml):

230 g Mango, 230 g Ananas, ca. 60 g Chilis, 50 ml Mangosaft, 50 ml Essig, 1 Zwiebel, 2 Knoblauchzehen, ein wenig frischer Ingwer, Salz, Pfeffer, Curry

Zubereitung:

Sämtliche Zutaten kleinschneiden und in einen Topf geben, kurz schmoren lassen, dann mit Mangosaft und Essig ablöschen. Das Ganze für ca. 10 min zum Kochen bringen. Nun alles pürieren und mit Salz, Pfeffer und Curry abschmecken, erneut kurz kochen. Die heiße Sauce in die zuvor sterilisierten Gläser füllen, gut zuschrauben und auf den Deckel stellen. Wenn die Sauce abgekühlt ist, hat sich ein Vakuum gebildet und die Gläser können umgedreht werden.

Ein guter Tipp:

Verwenden Sie Ananas und Mango ruhig aus der Dose. Die Früchte sind weicher und der Saft wird gleich mitgeliefert.

Jan's Sambal

Arbeitszeit:
Vorbereitung: ca. 20 min,
Kochen: ca. 40 min, Abfüllen: 5-10 min

Zutaten (für ca. 750 ml):
500 g Chilis (Sortenauswahl bestimmt die Schärfe), 200 g getrocknete Tomaten, 300 ml Wasser, 1/2 Zitrone, 60 ml Öl, 30 ml Essig, ca. 35 g Salz, ca. 20 g Zucker

Zubereitung:
Zunächst die Chilis säubern, entstielen und in kleine Stücke hacken. Ebenso die getrockneten Tomaten kleinschneiden. Die Hälfte der Chilis in 300 ml heißes Wasser geben und 15 min köcheln lassen. Die andere Hälfte mit Öl 15 min anbraten, nach 5 min Bratzeit die getrockneten Tomaten hinzugeben. Anschließend den Pfanneninhalt in den Topf mit den gekochten Chilis geben und alles pürieren. Salz, Zucker, Essig und den Saft einer halben Zitrone unterrühren. Bei mittlerer Hitze und stetigem Rühren erneut aufkochen. Das noch heiße Sambal in abgekochte Gläser füllen. Angebrochene Gläser halten im Kühlschrank noch ca. 8 Wochen.

Vielfalt der Sorten

In diesem Kapitel erhalten Sie mit 162 Sorten einen guten Überblick über die globale Vielfalt an Chili, Paprika und Peperoni. Darunter befinden sich viele altbekannte und bewährte Sorten, die unserer Meinung nach in keiner Sammlung fehlen sollten, als auch etliche bisher weniger bekannte, eher ungewöhnliche Vertreter ihrer Art.
Die weltweite Zahl an Chili- und Paprikasorten wird auf etwa 3000-4000 geschätzt. Die genaue Zahl zu benennen ist jedoch unmöglich, da es ständig neue Züchtungen gibt und die Anzahl alter, teils stark regional begrenzter Sorten schier unüberschaubar ist. Fast jedes Dorf in Italien hat seinen eigenen Peperoncini, jede Region in den Anden ihre eigene Aji oder Rocoto und jede Karibikinsel ihre eigene Scotch Bonnet- oder Habanero-Variante.

▲ Ein Teil der Sorten besitzt verschiedene Namen. Ein gutes Beispiel ist die 'Bishops Crown': Sie ist auch als 'Glockenpaprika', 'Tulpenchili', 'Peri Peri', 'Jamaica Bell' oder 'Christmas Bell' bekannt.
Dieses Buch beschränkt sich auf die gebräuchlichsten Namen, nicht jedoch nur auf die klassischen *Capsicum*-Sorten. Viele der hier vorgestellten Sorten werden Sie vielleicht zum ersten Mal sehen und den Wunsch haben, diese besonderen Sorten selbst zu kultivieren. Im Index finden Sie zahlreiche Bezugsquellen für die hier beschriebenen Sorten.

Alle Angaben in den folgenden Sortenbeschreibungen beziehen sich auf eigenen Erfahrungen mit Pflanzen, die in einem beheizbaren Gewächshaus gezogen wurden und während der Anzuchtphase mit Zusatzbeleuchtung versorgt wurden. Vermutlich werden Sie meist andere Kulturbedingungen haben. Deshalb kann es sein, dass bei Ihnen Pflanzen- und Fruchtgröße sowie Ertrag von den im Buch genannten Werten abweichen. Gerade im Freiland sind die Pflanzen deutlich kompakter und stabiler und die Reifezeit ist wesentlich länger als im Gewächshaus.

Die Größenangaben sind Durchschnittswerte. Gerade bei den Früchten fällt auf, dass die ersten Exemplare an einer Pflanze meist am größten sind.
Bei den Pflanzen wird die Wuchshöhe der Einfachheit halber in fünf Kategorien eingeteilt, damit sie auch unter verschiedenen Wuchsbedingungen miteinander vergleichbar sind. Die Größenangaben entsprechen bei Gewächshaushaltung etwa folgenden Werten:

sehr groß:	über 150 cm
groß:	100-150 cm
mittel:	50-100 cm
klein:	30-50 cm
sehr klein:	unter 30 cm

Entdecken Sie die vielleicht abwechslungsreichsten Beeren der Welt!

'7 Pot'

Schärfegrad: 10+

Herkunft: Trinidad

Pflanze: mittelgroß bis groß, buschig und gut verzweigt, stabile Zweige und breite Blätter

Frucht: etwa 4 x 4 cm groß, hängend, blockig bis rundlich, stark faltig mit runzliger Oberfäche, manchmal mit Spitze, dünnwandig mit wenigen Samen, von innen fast komplett mit gelbem Plazentagewebe ausgekleidet

Geschmack: exotischer, intensiver, der Habanero ähnlicher Geschmack und Geruch, aber etwas aufdringlicher

Verwendung: Saucen, karibische Gerichte, Trocknen

Besonderheiten: In ihrer Heimat sagt man ihr nach, eine 7 Pot Chili könne 7 Töpfe (= pots) Essen würzen. Daher stammt der Sortenname.
Tatsächlich gehört diese Sorte, von der es mittlerweile etliche Variationen gibt, zu den allerschärfsten Chilis. So wird insbesondere die Sorte 'Trinidad 7 Pot Douglah' zu den schärfsten Chilis der Welt gezählt. 7 Pots werden aufgrund ihrer Eigenschaften gerne als Grundlage für die Züchtung neuer, superscharfer Sorten verwendet.

'7 Pot Bubblegum'

Schärfegrad: 10+

Herkunft: Großbritannien

Pflanze: groß, kräftig, aufstrebende und stabile Triebe, große Blätter

Frucht: hängend, 4-5 cm lang und 4 cm breit, runzlig und faltig, sackförmig mit Spitze, reift von Grün nach leuchtend Rot ab, riesiger Blütenkelch, färbt sich zur Fruchtreife ebenfalls rot, Farbwechsel auch im Inneren des Fruchtstiels sichtbar

Geschmack: intensiv fruchtig

Verwendung: Trocknen und Pulverisieren, Saucen

Besonderheiten: Dem Briten Jon Harper gelang 2012 diese bislang einzigartige Züchtung. Das spektakuläre Einfärben des Blütenkelches macht diese '7 Pot' zu einer echten Augenweide.

'7 Pot White'

Schärfegrad: 10+

Herkunft: Trinidad

Pflanze: mittlerer Wuchs, dicke, kräftge Triebe

Frucht: hängend, bis 4 cm lang und breit, blockige Form mit tiefen Falten, Oberfläche deutlich glatter als bei anderen 7 Pots, dickwandig, wenige Samen, von Hellgrün nach Elfenbeinweiß reifend

Geschmack: fruchtig-exotisches *Capsicum chinense* Aroma, intensiver Geruch

Verwendung: karibische Saucen und Gerichte, zum Trocknen

Besonderheiten: '7 Pot White' zeichnet sich durch einen besonders hohen Ertrag an sehr scharfen Früchten aus. Durch ihre herrliche Farbe besitzt sie einen hohen Zierwert, wenngleich sie optisch nicht direkt als 7 Pot erkennbar ist.

'Aconcagua'

Schärfegrad: 0

Herkunft: Argentinien

Pflanze: mittlere bis große, stattliche Pflanze mit sehr großen Blättern

Frucht: hängende, riesige Spitzpaprika mit 15-18 cm langen und 5-7 cm breiten Früchten, meist leicht gekrümmt und mit Dellen, äußerst dickwandig und festfleischig, mit erfreulich wenigen Samen, unreif grün, manchmal mit violetten Maserungen, im reifen Zustand rot

Geschmack: eine der besten Paprika überhaupt, knackig, aromatisch und süß

Verwendung: zum Braten, Füllen, Salate, Rohkost

Besonderheiten: Selten findet man eine Paprika, die nicht nur große und aromatische Früchte produziert, sondern auch noch reichlich davon. Die Pflanzen brauchen viel Platz und müssen früh gestützt werden.
Bei einer solch großfruchtigen Paprikasorte wie der 'Aconcagua' empfiehlt es sich, die Königsblüte heraus zu brechen.

C. baccatum

'Aji Amarillo'

Schärfegrad: 5

Herkunft: Peru

Pflanze: sehr große Pflanzen mit einer Höhe von 2 m und teilweise darüber hinaus, locker verzweigt, große Blätter, typische gelbe Blütenflecken

Frucht: hängend, 10-14 cm lang und etwa 3 cm breit, Fruchtkörper walzen- oder karottenförmig, unregelmäßig eingedrückt und mit zulaufender Spitze, dickwandig, festfleischig, enthält einen dicken Strunk mit vielen Samen, reift von Grün nach Orange ab

Geschmack: blumig fruchtig, saftig

Verwendung: Salate, Trocknen und Pulverherstellung, super zum Einlegen und für fruchtige Saucen

Besonderheiten: Die ´Aji Amarillo`, manchmal auch ´Peru Yellow` genannt, ist die wohl beliebteste Chili Perus und findet darüber hinaus in ganz Südamerika Verwendung. Geschmacklich zählt sie zu den besten Sorten.
Aus ihr wird gerne Amarillo Pulver oder Paste hergestellt, welche dann in vielen Gerichten der peruanischen Küche zum Einsatz kommt. Auch im Rocoto Relleno (siehe Rezeptteil) ist sie ein traditioneller Bestandteil.

'Aji Angelo'

Schärfegrad: 3-4

Herkunft: Südamerika

Pflanze: sehr groß, wenig verzweigt, hat weit ausladende, überhängende Triebe, für *C. baccatum* typische große Blätter und gelbgrüne Flecken um die Blütenmitte

Frucht: 7-10 cm lang, gelegentlich noch länger, etwa 3 cm breit, unreif grün und erst stehend, später hängend, in Reife dann rot, unregelmäßige Spindelform mit "Zipfel" am Ende, festfleischig, viele Samen am dicken Strunk

Geschmack: ähnlich einer Gemüsepaprika, kein typisches *C. baccatum*-Aroma, knackig

Verwendung: Soßen, Salate, sehr gut zum sauren Einlegen geeignet

Besonderheiten: Die Sorte zeichnet sich durch einen guten Ertrag an großen Früchten aus. Entsprechend sollten die dünnen Zweige der Pflanze aufgrund des hohen Fruchtgewichtes bald abgestützt werden

'Aji Charapita'

Schärfegrad: 8

Herkunft: Peru

Pflanze: kompakt, reich verzweigt, strauchartiger Wuchs, langsam wachsend, anfangs klein, später mittlere Wuchshöhe, zierliche Blätter, kleine Blüten in großer Zahl an kurzen Stielen, aus den Blattachseln immer wieder neue Knospen

Frucht: aufrecht, rund, glatt, max. 1 cm groß, unreif hellgrün mit violetten Streifen oder Schattierungen, reif orange, relativ dickwandig und festfleischig, wenige Samen

Geschmack: vorzüglich, sehr fruchtig und intensiv

Verwendung: Einlegen, Sauce, Trocknen

Besonderheiten: Hierbei handelt es sich um eine sehr ursprüngliche *C. chinense*-Sorte. Sie wird in den tropischen Regionen Perus angebaut und gesammelt. Die Früchte, die hierzulande kaum bekannt sind, gehören zu den teuersten Gewürzen der Welt. 'Aji Charapita' braucht in der Kultur mehr Wärme als andere Chilis und ist aufgrund ihres kompakten Wuchses gut für die Zimmerkultur geeignet.

'Aji Cochabamba Hot'

Schärfegrad: 7

Herkunft: Peru

Pflanze: groß, aufstrebend, im oberen Bereich gut verzweigt, schöne, purpurfarbene Staubfäden

Frucht: hängend, 2-3 cm lang und und ca. 1,5 cm breit, rund bis oval, glatt, an Kirschen erinnernd, Fruchtwand ziemlich dickfleischig, von Grün nach Rot abreifend

Geschmack: kein typisches *C. chinense*-Aroma, eher Geschmack einer *C. annuum*, würzig und leicht fruchtig

Verwendung: Einlegen, frisch oder getrocknet zum Würzen

Besonderheiten: Ertragreiche Sorte mit einem ganz eigenem Aroma. Die Bezeichnung „Aji" wird in Südamerika normalerweise für *Capsicum baccatum* Sorten verwendet, wie in diesem Fall aber gelegentlich auch für andere Arten. Im Grunde bedeutet der Begriff „Aji“ einfach nur „Chili".

'Aji de Sazonar'

Schärfegrad: 0

Herkunft: Kuba

Pflanze: groß, aufstrebend, Blüte recht klein, weiß mit gelblichem Zentrum

Frucht: hängend, 5-6 cm lang und 1-2 cm breit, spindelförmig, kantige Form, unregelmäßig eingedrückt, gelegentlich etwas gekrümmt, viele Samen, von Grün nach Rot abreifend

Geschmack: aromatisch und fruchtig, erinnert an *C. baccatum*-Sorten

Verwendung: zum Einlegen, frisch oder getrocknet zum Würzen von Speisen

Besonderheiten: Die ´Aji de Sazonar` wird einschlägig als *Capsicum frutescens* eingeordnet, weist aber im Geschmack, der Fruchtform und den angedeuteten Blütenflecken deutliche Merkmale einer *Capsicum baccatum* auf. Möglicherweise handelt es sich um eine Kreuzung beider Arten.

'Aji Ecuadorian Orange'

C. baccatum

Schärfegrad: 4

Herkunft: Ecuador

Pflanze: groß gewachsen, mit dünnen, weit ausladenden Trieben, Blüten verhältnismäßig klein und langgestielt, Blütenflecken eher zartgrün ausgeprägt

Frucht: zunächst stehend, später waagerecht bis hängend, sehr variabel, 4 cm lang und 2-3 cm breit, abgerundet kegelförmig mit deutlich breiterem oberen Fruchtteil, durch die Scheidewand in zwei Kammern geteilt, unreif grün, in Reife schön wachsartig orange

Geschmack: dezentes, blumig-fruchtiges Aroma, überaus knackig

Verwendung: Salate, fruchtige Saucen, als Deko

Besonderheiten: Eine sehr reichtragende Sorte, die nicht nur mit Masse, sondern ebenfalls mit Klasse begeistern kann. Sie gehört zu den frühesten Chilisorten!

'Aji Little Finger Orange'

Schärfegrad: 4-5

Herkunft: Bolivien

Pflanze: sehr hoch aufstrebend, nicht selten um 200 cm, dafür verhältnismäßig dünne Triebe, locker aufgebaut, Blüten mit kräftig gelben Flecken

Frucht: anfangs stehend, dann hängend, 6-8 cm lang und 1-1,5 cm breit, leicht bis stark gekrümmt, etwas unebene Oberfläche, Fruchtfleisch dünnwandig, reift von Grün nach Orange ab

Geschmack: erfrischend fruchtig, mit leichter Säure, sehr angenehm, knackige Konsistenz

Verwendung: Salate, fruchtige Saucen, zum Snacken

Besonderheiten: Trotz der enormen Höhe zählt die 'Aji little Finger Orange' zu den früh reifenden *C. baccatum*-Sorten.
Bei solchen stark in die Höhe wachsenden Chilis kann es durchaus sinnvoll sein, die Pflanze rechtzeitig zu entspitzen, damit sie sich verzweigt und kompakter wächst.

'Aji Norteno'

Schärfegrad: 5-6

Herkunft: Peru

Pflanze: große bis sehr große Sträucher, überhängende, weit ausladende Triebe, große Blätter, gründgelbe Blütenflecken

Frucht: im Frühstadium stehend, dann hängend, 8-12 cm lang und 3-4 cm breit, Fruchtform leicht verjüngend, zur Spitze hin stärker zugespitzt, oft leicht gekrümmt, unregelmäßige Oberfläche, reift von Grün nach Rot ab

Geschmack: typischer *C. baccatum*-Geschmack, blumig-fruchtig, knackige Konsistenz

Verwendung: eine der besten Sorten zum Einlegen, Füllen, Salate, Saucen

Besonderheiten: Die Sorte zeichnet sich durch einen überaus reichen Ertrag an großen Früchten aus, weshalb sich ein Abstützen der Pflanze empfiehlt.
Das spanische Wort „Norteno" bedeutet übrigens übersetzt „Nordisch". Diese Namensgebung bezieht sich auf das nördliche Peru, woher die Sorte stammt.

'Aji Omnicolor'

Schärfegrad: 6

Herkunft: Peru

Pflanze: recht groß, reich verzweigt mit dünnen, überhängenden Trieben, gelbgrüne Blütenflecken, Blätter für eine *C. baccatum* ungewöhnlich klein

Frucht: zunächst fast stehend, reif mehr oder weniger hängend, 5-6 cm lang und 2 cm breit, rübenförmig, festfleischig, wenig Samen, unreife Früchte wachsweiß und am Stielansatz violett überhaucht, reifen über Orange nach Rot ab

Geschmack: spritzig frisch, knackig, künstlich wirkendes, blumiges Aroma

Verwendung: Salate, exotische Soßen und Salsas, zum Einlegen

Besonderheiten: Hierbei handelt es sich um eine reich tragende, schmackhafte Sorte mit wunderschön gefärbten Früchten. „Omincolor" bedeutet soviel wie „in allen Farben" – die Chili hält was ihr Name verspricht!

'Aji Santa Cruz'

C. baccatum

Schärfegrad: 2-3

Herkunft: La Palma (Kanareninsel)

Pflanze: große, bisweilen sehr große Pflanze mit über 150 cm Höhe, Triebe durch die schweren Früchte stark überhängend, Blüten mit typischen gelben Blütenflecken

Frucht: 10-12 cm lang, 2-3 cm breit, hängend, unregelmäßig geformt, wellig, am Ende zugespitzt, recht dünnfleischig, reift von Grün nach Rot ab

Geschmack: süß, leicht fruchtig, sehr knackig, aber mitunter etwas zäh

Verwendung: Salate, Einlegen, zum Füllen oder Frischverzehr

Besonderheiten: Diese Sorte zeichnet sich durch ein vorzügliches Aroma bei mäßiger Schärfe aus, auch der Ertrag ist sehr gut. Die Herkunft der 'Aji Santa Cruz' ist nicht 100%ig zu klären, wahrscheinlich stammt sie aus Santa Cruz auf der Kanareninsel La Palma. Internationale Quellen berichten aber auch von Herkünften aus den gleichnamigen Städten in Bolivien sowie in den USA.

'Aji Tapachula'

Schärfegrad: 6

Herkunft: Mexiko

Pflanze: groß, starkwüchsig und gut verzweigt

Frucht: aufrecht, weit oben in der Pflanze und zu mehreren in kleinen Bündeln stehend, 1,5 bis 2 cm im Durchmesser, rundliche, etwas plattgedrückte Form, leichte Längsrippen, kleiner „Nabel" am Ende, fast vollständig mit Samen ausgefüllt, Reifung von Grün nach Rot

Geschmack: würzig und aromatisch, leicht herb

Verwendung: gut zum Einlegen, in Soßen und Gerichten, auch zum Trocknen

Besonderheiten: Die 'Aji Tapachula' ist eine sehr ungewöhnliche *Capsicum baccatum*-Sorte. Besonders der Geschmack gleicht nicht den meisten anderen Vertretern dieser Art, aber gerade darin liegt der Reiz, sie in seiner Sammlung zu kultivieren.
Die Ernte erfolgt später im Jahr, da die Sorte eine lange Fruchtreife hat. Für sein Warten wird man jedoch mit einer reichen Ernte wohlschmeckender Früchten entlohnt.

'Aji White Fantasy'

Schärfegrad: 1-2

Herkunft: La Palma (Kanareninsel)

Pflanze: mittlere Größe, ausladene Triebe, Blütenflecken grün-gelb

Frucht: an langen Stielen hängend, ca. 4 cm lang und fast ebenso breit, glockenförmig mit seitlich unregelmäßig eingedrückter Spitze, dickwandig, festfleischig, mit ziemlich vielen Samen, unreife Frucht zunächst-grünlich-gelb, rasch weiß werdend, in Vollreife gelbweiß

Geschmack: angenehm, süß, leicht fruchtig, knackig und mild

Verwendung: Salate, Rohkost, zum Einlegen, Deko

Besonderheiten: Eine recht neue Züchtung von Semillas, La Palma, die aus der Sorte 'Aji Fantasy' hervorging. Sie ist nicht nur äußerst hübsch anzusehen, sondern auch besonders ertragreich.
Natürlich können auch bei dieser weißen Chili alle Reifestadien gegessen werden, jedoch schmecken die vollreifen, gelblich-weißen Exemplare am süßesten.

'Alma Paprika'

Schärfegrad: 1-2

Herkunft: Ungarn

Pflanze: recht klein, kompakt gewachsen, eher in die Breite gehend

Frucht: aufrecht über dem Blattwerk stehend, 5-6 cm breit und ca. 4 cm lang, ähnelt einer umgedrehten Tomate oder einem Apfel, dickfleischig, mit reichlich Samenkörnern gefüllt, unreife Früchte weißgelb, ausgereifte rot

Geschmack: süßer, saftiger Paprikageschmack

Verwendung: Rohkost, zum Füllen mit Hackfleisch oder Käse, Einlegen

Besonderheiten: Diese Sorte ist auch unter dem Namen 'Caro' bekannt, manchmal wird sie auch als 'Apfelpaprika' bezeichnet. 'Alma Paprika' vereint Aussehen und Geschmack. Die außergewöhnliche Wuchsform bietet einen hohen Zierwert, dazu schmecken die milden Paprika auch noch ausgezeichnet.
In Ungarn werden häufig die unreifen Früchte in Essig eingelegt und verzehrt.

'Aribibi Gusano'

Schärfegrad: 9

Herkunft: Bolivien

Pflanze: mittelgroß, breit gewachsen und ausladend verzweigt, filigrane Zweige mit kleinen Blättern

Frucht: horizontal bis hängend, 3-4 cm lang, unter 1 cm breit, wurm- oder raupenförmig, meist leicht gekrümmt, unreif weißgrün , in Reife cremeweiß, relativ dünnes Fruchtfleisch, fest, sehr wenige, kleine Samen

Geschmack: typisches, intensives, aber angenehmes *C. chinense*-Aroma

Verwendung: getrocknet oder frisch zum Würzen von Speisen, zur Pulverherstellung, fruchtige Saucen

Besonderheiten: An einer Pflanze können mitunter hunderte kleine, weiße "Würmchen" hängen. Das macht die Sorte zu einem echten Hingucker.
„Gusano" heißt übrigens Wurm auf Spanisch. Aribibi ist ein Ort im Amazonas-Regenwald Nordost-Boliviens. Von dort stammt die Sorte wahrscheinlich.

'Barra do Ribeiro'

Schärfegrad: 6

Herkunft: Brasilien

Pflanze: mittlere Höhe, sehr breit und ausladend, reich verzweigt, für eine *C. baccatum* recht kleine Blätter, Blüten mit typischen gelben Flecken

Frucht: in Massen aufrecht in und über dem Blätterdach stehend, tropfenförmig mit einem kleinen „Nabel“ an der Spitze, zunächst gelbweiß, dann violett, schließlich über Orange nach Rot abreifend – ein prächtiges Farbenspiel, dickwandig, festfleischig, viele Samen

Geschmack: angenehm fruchtig, blumig, erfrischend und knackig

Verwendung: Salate, zum Einlegen, Frucht und Pflanze als Dekoration

Besonderheiten: Wenn man von einem Massenträger sprechen will, trifft dieser Begriff auf die ´Barra do Ribeiro` voll und ganz zu. Kaum eine Chili trägt so reich und ist gleichzeitig so dekorativ. Die Sorte ist übrigens nach einer gleichnamigen Stadt in Brasilien benannt.

'Beni Highland'

Schärfegrad: 7

Herkunft: Bolivien

Pflanze: buschig, gut verzweigt, von mittlerer Höhe und deutlich in die Breite gehend

Frucht: bis 6 cm lang und gut 2 cm breit, hängend, glatt, spindelförmig, dünnwandig, reift von Grün in ein kräftiges Zitronengelb ab

Geschmack: Habanero-Aroma mit leichter Citrusnote

Verwendung: Saucen, exotische Gerichte, zum Trocknen und Einlegen

Besonderheiten: ´Beni Highland` ist eine seltene Sorte aus der bolivianischen Provinz Beni. Sie glänzt durch ihre ungewöhnliche Fruchtform, einen hohen Ertrag und einen sehr guten Geschmack. Diese Kombination macht sie zu einer der besten *Capsicum chinense*-Sorten.

'Beros'

Schärfegrad: 0

Herkunft: Tschechien

Pflanze: mittelgroß, gut verzweigt und reichlich belaubt

Frucht: 10-15 cm lang und nur 2 cm breit, hängend, zugespitzt, wellige Oberfläche, wenig bis stark gekrümmt, dünnfleischig, viele Samen, von Grün nach Rot abreifend

Geschmack: süß-aromatischer Paprikageschmack

Verwendung: Salate, Braten, Schmorgerichte, Trocknen, Rohkost

Besonderheiten: Diese schärfelose Peperoni ist in Tschechien eine Standardsorte für den Freilandanbau. Unter ihrem volkstümlichen Namen 'Kozi roh' (Ziegenhorn) wird sie vielerorts in heimischen Gärten angepflanzt. Aufgrund ihres hohen Fruchtgewichts empfiehlt es sich, die dünnen Zweige früh abzustützen.

'Bhut Jolokia'

Schärfegrad: 10+

Herkunft: Indien

Pflanze: kräftiger Wuchs, gut verzweigt, von mittlerer Höhe

Frucht: 5-6 cm lang und 2-3 cm breit, hängend, faltig, runzelig, am Ende zugespitzt, dünnwandig, von Grün nach Rot abreifend

Geschmack: intensiver, sehr fruchtiger, exotischer Geschmack, vergleichsweise langsam aufkommende, lang anhaltende Schärfe

Verwendung: exotische Saucen und Gerichte, Trocknen, Pulverproduktion

Besonderheiten: Schon lange kursierten in der Chiliwelt Gerüchte über eine legendäre „Geisterchili" aus Assam (Indien), die eine nie gekannte Schärfe haben sollte.
Nachdem die als Bih-, Bhut- oder Naga-Jolokia bezeichnete Sorte endlich einer offiziellen Messung unterzogen wurde, erreichte sie einen Wert von 1.001.304 SHU. Damit hielt sie von 2006 bis 2011 den Rekord als schärfste Chili der Welt im Guiness Buch der Rekorde. Laut neuester Erkenntnisse ist sie keine reine *Capsicum chinense*, sondern eine Hybride mit *Capsicum frutescens*.

'Bhut Jolokia Chocolate'

Schärfegrad: 10+

Herkunft: Indien

Pflanze: buschig, gut verzweigt, mittelgroß

Frucht: 5-6 cm lang und 1,5-2 cm breit, hängend, faltig, runzelig und gefurcht, spitz zulaufend, dünnwandig, reift von Grün nach Braun

Geschmack: sehr intensives exotisches Aroma

Besonderheiten: Der Name 'Bhut Jolokia' bedeutet soviel wie Geisterchili. Sie ist auch unter dem Namen 'Bih Jolokia' bekannt, was Giftchili bedeutet.

'Bhut Jolokia Rust'

Schärfegrad: 10+

Herkunft: Schweiz

Pflanze: mittelgroß, kräftige Zweige

Frucht: hängend, 6-7 cm lang, 2-3 cm breit, zugespitzt, leicht tailliert, unregelmäßig gefurcht, dünnwandig, runzelig, von Grün nach Rostbraun abreifend

Geschmack: ebenso fruchtig und scharf wie die anderen Vertreter dieser Sorte

Besonderheiten: Sie wird etwas größer als die „normale" Bhut Jolokia und liefert einen guten Ertrag.

'Biberiye'

Schärfegrad: 1-2

Herkunft: Türkei

Pflanze: mäßig verzweigt, schwache Triebe, von mittlerer Größe

Frucht: hängend, tropfenförmig mit Spitze, etwa 3-4 cm im Durchmesser, dick- und festfleischig, ausgefüllt mit Samen, unreif cremeweiß, gefolgt von einer violetten Maserung, über Orange nach Rot abreifend

Geschmack: würzig und leicht nussig, knackig, aromatisch

Verwendung: zum Einlegen, Naschfrucht

Besonderheiten: Diese in ihrer Heimat beliebte Chili-Sorte findet auch in Deutschland immer öfter den Weg in die Supermarktregale. Meist wird sie im gelblichen, unreifen Stadium in Essig eingelegt angeboten. Hierzulande hat sie sich in der Kultur als eine frühreifende Sorte erwiesen.

'Bishops Crown'

Schärfegrad: 4-5

Herkunft: Barbados

Pflanze: sehr groß, ausladende Krone, große Blätter und gelbgrüne Flecken in der Blüte

Frucht: hängend, 3-4 cm hoch und 5-7 cm breit, sehr variabel, glockenförmig, mit 3 oder 4 "Flügeln", einer Bischofsmütze ähnelnd, dickfleischig, von Grün nach Rot abreifend

Geschmack: leicht fruchtiges Paprika-Aroma, sehr angenehm, saftig, knackig, Schärfe auf das weißliche Plazentagewebe in der Fruchtmitte beschränkt

Verwendung: vielseitig einsetzbar, Salate, Rohkost, zum Einlegen und als Dekoration

Besonderheiten: Mit der Namensgebung wird ihre mehr oder weniger stark ausgeprägte Ähnlichkeit mit einer Bischofsmütze zum Ausdruck gebracht. Insgesamt gehört diese Sorte wohl zu den Chilis mit den meisten Synonymen. Sie wird ebenfalls als Glockenpaprika, Tulpenchili oder Peri Peri bezeichnet, um nur einige Beispiele zu nennen.

'Black Prince'

Schärfegrad: 5

Herkunft: Unbekannt

Pflanze: mittelgroß, schlanker, aufstrebender Wuchs, gut verzweigt. Fast schwarzes, zierliches Laub und intensiv violette Blüten

Frucht: aufrecht, 2-4 cm lang bei max. 2 cm Breite, oval bis eiförmig, hoher Oberflächenglanz, dünnwandig, viele Samen, unreif zunächst lange tief schwarz, in Vollreife leuchtend rot

Geschmack: leicht bitter, aber angenehm erfrischend, knackige Konsistenz

Verwendung: Früchte und Pflanze als Deko, Früchte zum Trocknen, auch in Soßen oder zum Einlegen

Besonderheiten: Die Sorte ist wohl wegen ihrer dunklen Färbung immer noch oft unter dem Namen "*Capsicum nigrum*" zu finden. Das ist allerdings falsch, eine solche Art existiert nicht. Bietet als Zierchili auf Beeten einen super Kontrast zu "normalen", grünlaubigen Chilipflanzen.

'Bolivar de Minas Gerais'

Schärfegrad: 6

Herkunft: Brasilien

Pflanze: mittlere Größe, breit und ausladend, auffallend hohe Anzahl an Blütenblättern

Frucht: Massenträger, fast etagenweise an den Zweigen hängend, ca. 4 cm lang und 3 cm breit, fast quaderförmig, leicht zulaufend, mit Längsfalten, von Grün nach Rot abreifend, dickwandig

Geschmack: fruchtig und aromatisch, knackig

Verwendung: in Salsas und Soßen, für exotische Gerichte oder zum Einlegen

Besonderheiten: Benannt wurde diese Sorte nach dem brasilianischen Bundesstaat Minas Gerais.
Sie glänzt durch ihre enorme Produktivität, sicherlich eine der ertragreichsten Chilis überhaupt!

'Bolivian Bumpy'

Schärfegrad: 10

Herkunft: Bolivien

Pflanze: mittelhohe, gut verzweigte Pflanze mit buschig-breiter Krone, Blätter recht klein und stark zerknittert, Stängel bräunlich

Frucht: 3-4 cm lang und ca. 1,5 cm breit, hängend, spindel- bis laternenförmig, mit leichten Längsrippen, runzelige Oberfläche, dünn- aber festfleischig, wenig Samen, unreife Früchte grün mit braunvioletten Bereichen, reife Früchte goldgelb mit ins Violette gehenden, fast amethystfarbenen Schattierungen

Geschmack: besonders aromatisch, äußerst fruchtige Note

Verwendung: exotische Saucen und Salsas, zum Trocknen, Pulverherstellung

Besonderheiten: Diese Sorte zählt zweifellos zu den Chilis mit den schönsten Früchten.
Sie ist das Resultat einer Kreuzung aus 'Bolivian Rainbow' (*C. annuum*) und 'Yellow Bumpy' (*C. chinense*). Hybriden aus diesen beiden *Capsicum*-Arten entstehen gerne durch zufällige Kreuzbestäubung, selten aber ergibt sich eine solch wunderschöne Sorte wie ´Bolivian Bumpy`.

'Bonsaichili'

Schärfegrad: 8

Herkunft: Unbekannt

Pflanze: sehr klein, reich verzweigt, sehr viele kleine und schmale Blätter, passend dazu ebenfalls kleine Blüten

Frucht: nur 1-2 cm lang und ca. 0,5 cm breit, aufrecht über dem Blattwerk stehend, gleichmäßig zugespitzt, dünnwandig, voll mit außergewöhnlich kleinen Samen, reift von Grün nach Rot ab

Geschmack: süß-würziges, etwas seifiges Thaichili-Aroma, brennt sofort aber recht kurz

Verwendung: ideal zum Snacken für Hartgesottene, Trocknen im Ganzen und dann als Ganzes oder gemahlen zum Würzen allerlei Speisen

Besonderheiten: Blüten und Früchte gedeihen gleichzeitig an der Pflanze, so dass sie über einen langen Zeitraum hunderte Früchte hervorbringt.
Wer möchte kann mehrere Pflanzen in einen Topf pikieren, das sorgt schneller für einen buschigeren Wuchs. Hervorragend als dekorative Zimmerpflanze auf hellen Fensterbänken geeignet. Sie gedeiht auch gut im Beet und auf dem Balkon.

'Brazilian Starfish'

Schärfegrad: 5-6

Herkunft: Brasilien

Pflanze: sehr hoch, erreicht problemlos 2 m Höhe, dabei schmal und erst weit oben verzweigt, typische gelbgefleckte Blüte

Frucht: zunächst stehende, später mehr oder weniger waagerechte oder hängende Chilis, ähnelt einem Seestern oder einem Zahnrad, 4-5 cm im Durchmesser und 2-3 cm lang, dickfleischig, knackig, von Grün nach Rot abreifend

Geschmack: sehr süßes, leicht fruchtiges, köstliches Aroma, Schärfe auf das Zentrum der Frucht konzentriert, restliche Frucht nahezu ohne Schärfe

Verwendung: entkernt zum Frischverzehr, Saucen, Früchte als Deko

Besonderheiten: Diese Sorte vereinigt einige positive Eigenschaften in sich. Sie ist nicht nur sehr schmackhaft und ertragreich, sondern sie zählt ebenfalls zu den schönsten Chilis überhaupt.
Ein Entspitzen der jungen Pflanze kann helfen, die Sorte kompakter wachsen zu lassen.

'Broome Pepper'

Schärfegrad: 7

Herkunft: Australien

Pflanze: mittelgroß, breit verzweigt, dabei eher schwache Triebe

Frucht: hängend, 6-7 cm lang und 2-3 cm breit, gleichmäßige Breite, etwas kantige Form, seitlich unregelmäßig eingedrückt, seidiger Glanz, Fruchtende stumpf, stulpenartig, dünnfleischig, viele Samen, von Grün nach Rot abreifend

Geschmack: ganz eigenes Aroma, erfrischend, dabei schön würzig

Verwendung: Trocknen, Pulverproduktion, Einlegen, Füllen

Besonderheiten: Diese in Form und Geschmack ungewöhnliche Sorte wurde nach der Stadt Broome im Nordwesten Australiens benannt.

'Bulgarian Carrot'

Schärfegrad: 7

Herkunft: Bulgarien

Pflanze: mittelgroß, kompakt gewachsen mit stabilen Trieben

Frucht: hängend, 7-8 cm lang und ca. 2 cm breit, karottenförmig, gelegentlich leicht gekrümmt, zugespitzt, dicker Strunk im Innern mit reichlich Samen, reift von Grün in ein kräftiges Orange ab

Geschmack: angenehm, leicht fruchtig, mit ein wenig Phantasie auch nach Karotte, langanhaltende Schärfe

Verwendung: Einlegen, Füllen, Trocknen

Besonderheiten: Hierbei handelt es sich um einen schönen „Allrounder", der mit gutem Ertrag, einer hübschen Optik und robustem Wachstum überzeugt.

'California Wonder Gold'

Schärfegrad: 0

Herkunft: USA

Pflanze: mittlere Größe, sehr kräftige Triebe, wenig verzweigt, große und breite Blätter

Frucht: hängend, 10-12 cm lang und fast ebenso breit, bekannte Blockpaprikaform, sehr dick- und festfleischig, wenige Samen, reift von Grün nach Goldgelb ab

Geschmack: klassisches Paprika-Aroma, süß und saftig, knackig im Biss, sehr aromatisch

Verwendung: Rohkost, gefüllte Paprika, zum Grillen und Braten, Salat

Besonderheiten: Die Früchte sind zwar riesig, dafür bringt die Pflanze aber nicht sehr viele davon hervor. Bei einer so großfruchtigen Sorte wie der 'California Wonder Gold' kann es sich durchaus lohnen, die Königsblüte zu entfernen, um einen höheren Ertrag zu erzielen.

'Caloro'

Schärfegrad: 0

Herkunft: Mexiko

Pflanze: stabile, gut verzweigte, mittelhohe Pflanze mit langgestielten Blättern

Frucht: 7-9 cm lang und rund 3 cm dick, hängend, gleichmäßig kegelförmig zugespitzt, Oberfläche stellenweise mit feinen Korkstreifen überzogen, dickfleischig, viele Samen, reift in einem schönen Farbenspiel von Wachsweiß nach Gelb, dann über Orange nach Rot ab

Geschmack: sehr saftiger und süßer Paprikageschmack

Verwendung: Rohkost, in Salaten, Füllen, Einlegen, Braten, Grillen, Salsas

Besonderheiten: Dank ihrer leuchtenden Farben handelt es sich um eine äußerst dekorative Sorte, die zudem einen sehr guten Ertrag liefert. Tolle Snackpaprika!

'Carioca'

Schärfegrad: 9

Herkunft: Brasilien

Pflanze: klein gewachsen, zierlich, stark verzweigt, Blätter klein, dunkelgrün, in Büscheln zusammengesetzt, Blüten klein, grün-weiß, aufrecht, ebenfalls in Büscheln in den Blätterbündeln

Frucht: aufrecht, 1-1,5 cm im Durchmesser, in dichten Büscheln, unreif hellgrün mit violetten Schattierungen, in Reife pastell-orange, festfleischig, voller Samen

Geschmack: sehr intensiv, exotisch-fruchtig

Verwendung: Früchte als Dekoration, Soßen, gut geeignet als Zierpflanze

Besonderheiten: Als Carioca werden die Einwohner Rio de Janeiros bezeichnet. Die Sorte ist von besonderem Aussehen und eignet sich perfekt als hübsche Zimmer-, Beet- oder Balkonchili.

Bemerkenswert ist der Aufbau der Pflanze. Die kleinen, dunkelgrünen Blätter sind zu Büscheln zusammengesetzt, aus denen die ganze Pflanze besteht. Die Blüten stehen ebenfalls in Büscheln mittig in jedem Blätterbündel.

'Carolina Reaper'

Schärfegrad: 10+

Herkunft: USA

Pflanze: kompakt und gut verzweigt, mittlere Höhe

Frucht: 3-4 cm lang und genau so breit, hängend, mützenartig geformt, idealerweise in einen Stachel mündend, Stachel unterschiedlich stark ausgeprägt, bisweilen fehlend, faltige, runzelige Oberfläche, dünnwandig, wenig Samen, im Innern mit dem schärfebildenden Plazentagewebe „ausgekleidet", von Grün nach Rot abreifend

Geschmack: aufdringliches *C. chinense*-Aroma mit langanhaltender, stechender Schärfe

Verwendung: Verarbeitung zu Saucen, gut zum Trocknen und zur Pulverherstellung geeignet

Besonderheiten: Die ´Carolina Reaper` ist seit August 2013 der neue Weltrekordhalter in Sachen Schärfe mit Spitzenwerten von bis zu 2.200.000 Scoville-Einheiten. Im Durchschnitt werden immer noch beeindruckende 1.569.300 SHU erreicht. Damit löst sie die 'Trinidad Scorpion Butch T' als offiziellen Weltrekordhalter ab. Der Reaper wurde von Ed Currie in South Carolina, USA gezüchtet, weshalb die Sorte gelegentlich auch 'Smokin' Ed's Carolina Reaper' genannt wird.

C. chinense

'Carolina Reaper Yellow'

Schärfegrad: 10+

Herkunft: USA

Pflanze: mittelgroß, kräftig

Frucht: ca. 4 cm lang und 3-4 cm breit, mützenförmig mit Stachel, faltig, weniger runzelig und nicht so dünnwandig wie die rote Version, kaum Samen, reift von Grün nach Gelb ab

Geschmack: steht der roten Reaper in nichts nach

Besonderheiten: Bei dieser interessanten Farbvariante ist der typische Stachel sehr schön ausgeprägt.

C. annuum

'Cayenne Yellow'

Schärfegrad: 6-7

Herkunft: USA

Pflanze: lockerer Aufbau, mittelgroß

Frucht: 10-14 cm lang, ca. 2 cm breit, mehr oder weniger hängend, zugespitzt, meist leicht gebogen, wellig, dünnwandig, viele Samen, reift von Grün nach Gelb ab

Geschmack: kräftig würzig, beißende Schärfe

Besonderheiten: Die gelbe Cayenne ist weniger scharf und rauchig im Geschmack als die rote Form, aber eine hübsche Farbvariante.

'Cayenne'

Schärfegrad: 8

Herkunft: Südamerika

Pflanze: locker verzweigte, mittelhohe Pflanze

Frucht: hängend, 8-12 cm lang, ca. 1 cm breit, schwach bis stark gebogen, wellig, dünnwandig, viele Samen, reift von Grün nach Rot ab

Geschmack: würziges, leicht rauchiges Aroma, intensiviert sich beim Trocknen

Verwendung: vornehmlich Trocknen, BBQ-Saucen

Besonderheiten: Die Cayenne ist eine der ältesten und bekanntesten Chilisorten überhaupt. Ihre genaue Herkunft ist zwar nicht näher bekannt, den Namen hat sie aber von der Hauptstadt Französich-Guyanas, Cayenne. Von der Hafenstadt wurde die Chili vermutlich seit dem 16. Jahrhundert nach Europa exportiert.
Durch Pulverisieren der getrockneten Früchte wird aus dieser Chili der bekannte Cayenne-Pfeffer hergestellt, der als Würze, z.B. sehr gut in BBQ-Saucen, verwendet werden kann.
Die Cayenne-Chili findet übrigens ebenfalls Verwendung in der Produktion von Pfefferspray.

'Charleston Hot'

Schärfegrad: 7

Herkunft: USA

Pflanze: mittelgroß mit locker verzweigtem Wuchs und eher schwachen Trieben, auffallend hellgrünes Laub, große reinweiße Blüten

Frucht: hängend, 9-12 cm lang und 1-2 cm breit, leicht gekrümmt, unregelmäßige Form, Spitze stumpf und meistens zweigeteilt, von Hellgrün mit violetten Schattierungen über Gelb nach Rot abreifend

Geschmack: würzig und aromatisch

Verwendung: als Würze, zum Trocknen und Pulverisieren, Einlegen

Besonderheiten: ´Charleston Hot` wurde vom amerikanischen Landwirtschaftsministerium gezüchtet und 1993 auf den Markt gebracht. Die Besonderheit und der Grund der Züchtung ist, dass diese Sorte gegen Nematoden resistent ist. Dies sind Schädlinge, kleine Fadenwürmer, die beim Chilianbau auf Feldern zu einem Problem werden können.

'Cheiro Roxa'

Schärfegrad: 9

Herkunft: Brasilien

Pflanze: große und breite Pflanze, Stängel und Blattoberseite schwarzgrün, Blüten von außen pink, im Inneren aber normal weiß

Frucht: horizontal bis hängend, ca. 2 cm lang und breit, zwischen laternen- und UFO-förmig, zum Ende hin mehr oder weniger zulaufend, festfleischig, zunächst purpurviolett, im reifen Zustand hellviolett mit gelben Farbverläufen zur Spitze hin

Geschmack: sehr erfrischende, fruchtige Note, knackige Konsistenz

Verwendung: Saucen, Salsas, zum Einlegen, Früchte auch super zur Dekoration geeignet

Besonderheiten: Hierbei handelt es sich um eine besonders hübsche Chili, die in keiner Sammlung fehlen sollte. Das dunkle Laub erhöht die Attraktivität dieser Sorte zusätzlich.

'Chiclayo'

Schärfegrad: 10

Herkunft: Peru

Pflanze: mittlere Höhe, aber sehr breit und ausladend, gut verzweigt mit eher kleinen Blättern, schirmartig aufgebautes Blätterdach

Frucht: unter dem Blätterdach hängend, länglich oval, zugespitzt, ca. 4 cm lang und 3 cm breit, leicht faltig, dünnwandig, von Grün nach Orange abreifend, Oberfläche wachsartig glänzend

Geschmack: sehr angenehmes *Capsicum chinense*-Aroma, aromatisch und fruchtig

Verwendung: fruchtige, karibische Soßen und Gerichte, ebenfalls zum Trocknen oder Einlegen

Besonderheiten: Diese Sorte, wahrscheinlich benannt nach der peruanischen Großstadt Chiclayo, fällt vor allem durch ihren überaus reichen Ertrag auf. Darüber hinaus ist sie recht dekorativ und schmackhaft.

'Chilaca'

Schärfegrad: 1-2

Herkunft: Mexiko

Pflanze: groß gewachsen, langgestielte Blätter

Frucht: hängend, 16-18 cm lang und etwa 3 cm breit, langgezogen spindelförmig, plattgedrückt, deutlich sichtbare "Naht" vertikal über die ganze Frucht, unebene Oberfläche, dellig und stark glänzend, recht dünnwandig, großer Hohlraum, reift von Dunkelgrün nach-Schwarzbraun ab

Geschmack: im grünen Zustand bitter und herbwürzig, saftig, reif faserig und noch herber

Verwendung: Trocknen, Räuchern, Weiterverarbeitung zu Mole

Besonderheiten: In ihrer Heimat häufig angebaute Sorte, wo sie aufgrund ihres nicht sehr guten Rohgeschmacks fast ausschließlich getrocknet für eine traditionelle Würzsoße (Mole) verwendet wird. Die getrockneten Früchte werden dann als "Pasilla" oder "Pasilla Bajio" bezeichnet.
Hierzulande neigt die Sorte mitunter zum Faulen der Früchte während des Abreifens, so dass es sich in diesem Fall empfiehlt, bereits die grünen Früchte zu ernten.

'Chilcostle'

Schärfegrad: 0

Herkunft: Mexiko

Pflanze: von mittlerer Höhe, eher schwache Triebe, ausladender Wuchs

Frucht: hängend, 7-9 cm lang und etwa 3 cm breit, relativ gleichmäßig kegelförmig zugespitzt, etwas flachgedrückt, mattiert wirkende Oberfläche, viele Samen, reift von Grün nach Rot ab

Geschmack: einzigartiges, süßes und gleichzeitig leicht herbes Aroma, getrocknet besonders delikat

Verwendung: Rohkost, Sauce, Mole, besonders aber für das Trocknen und die anschließende Pulverherstellung geeignet

Besonderheiten: Eine regionale Sorte aus dem Mexikanischen Bundesstaat Oaxaca. Sie wird dort, ähnlich wie die 'Chilaca'/'Pasilla', getrocknet zu verschiedenen Saucen (Mole), zu einer speziellen Suppe (Chilate) und zu einem Eintopf namens Chileajo verarbeitet.

'Chile de Onza'

Schärfegrad: 0

Herkunft: Mexiko

Pflanze: mittelgroßer, weniger verzweigter Strauch, Blüten ziemlich groß, auffallend früh heranwachsender Fruchtknoten

Frucht: hängend, 4-6 cm lang und 3-4 cm breit, von blockiger Form, Oberfläche mit unregelmäßigen Dellen und Längsrippen, dünnwandig, von weicher Konsistenz, wenige Samen, reift von Dunkelgrün nach Dunkelbraun ab

Geschmack: leicht bitter, herb, mit süssem Nachgeschmack

Verwendung: bestens zum Trocknen und Pulverisieren, pikante Saucen, Mole

Besonderheiten: Bei dieser aus der Region Oaxaca stammenden Sorte steht ähnlich wie bei 'Chilcostle' ebenfalls die Herstellung von Mole, eine mexikanische Würzsauce, im Vordergrund.

'Chocolate Mini Bell'

Schärfegrad: 0

Herkunft: USA

Pflanze: mittelgroßer Wuchs, eher schwache Triebe, Stützen erforderlich, große Blüten an sehr kurzen Stielen

Frucht: hängend, tomaten- bis blockpaprikaförmig, 4-5 cm breit und 3-4 cm lang, dickwandig, Samen konzentriert am Strunk, reift von Grün nach Schokoladenbraun ab

Geschmack: Paprika-Aroma, mild, süß und saftig

Verwendung: Rohkost, in Salaten, zum Füllen mit Frischkäse

Besonderheiten: Tolle Snack- und Naschpaprika, die wegen ihrer Handlichkeit sicher gut bei Kindern ankommt.

'Chupetinho'

Schärfegrad: 6-7

Herkunft: Brasilien

Pflanze: buschiger, breiter Wuchs, Pflanze bildet quasi eine Hohlkrone, mittlere Größe, recht kleine Blüten

Frucht: hängend, 2-3,5 cm lang und 1-1,5 cm breit, spitz tropfenförmig, glatt, fleischig, wenige Samen, reift von Grünweiß über Orange nach Rot ab

Geschmack: sehr aromatisch, exotisch-fruchtig, saftig und knackig

Verwendung: fruchtige Saucen, Salate, Einlegen, als Snack für abgehärtete Chilifans

Besonderheiten: Diese reich tragende Sorte wird in Brasilien auch 'Pimenta Biquinho' genannt. Ihre ungewöhnlichen Früchte machen die Pflanze zu einem Blickfang. In ihrer Heimat wird sie häufig als Zierpflanze in Gärten angepflanzt. Aber auch in der dortigen Küche wird sie sehr vielfältig verwendet: Sauer eingelegt, als Garnierung für Cocktails und Speisen, zu Chilimarmelade verarbeitet und vieles mehr.

'Cobanero Teardrop'

Schärfegrad: 8

Herkunft: Mexiko

Pflanze: riesiger Busch, wird im ersten Jahr bis zu 220 cm hoch, aufstrebend wachsend und erst spät verzweigt

Frucht: aufrecht, ca. 2 cm lang und 0,5 cm breit, länglich oval, leicht zugespitzt, dünnwandig, viele Samen, reift von Grün nach Rot ab

Geschmack: an Chiltepin erinnerndes, würziges Aroma, klare und schneidende Schärfe

Verwendung: Trocknen, Pulverherstellung

Besonderheiten: Diese riesige Pflanze zählt zur Gruppe der Tepins (Vogelaugen-Chilis). Sie ist somit einer Wildchili noch sehr ähnlich. Bei der Auswahl sollte man bedenken, dass diese Sorte viel Platz benötigt und erst spät im Jahr reife Früchte trägt. Sie entlohnt jedoch mit einem reichen Ertrag.
Große Chilipflanzen wie diese kann man in ihrem Wachstum begrenzen, indem man ihnen nicht zu große Töpfe gibt und die Triebe rechtzeitig entspitzt.

'Corno Di Toro Giallo'

Schärfegrad: 0

Herkunft: Italien

Pflanze: kräftiger Wuchs, wenig, aber kräftig verzweigt, große Pflanze mit großen Blättern

Frucht: hängend, 14-17 cm lang und 4-6 cm breit, spitz zulaufend, dickfleischig, von Grün nach Goldgelb abreifend, im Übergang schöne Farbverläufe

Geschmack: süß aromatischer, frischer Paprika-Geschmack

Verwendung: perfekt als Rohkost, zum Füllen, in Salaten oder zum Grillen

Besonderheiten: In ihrer italienischen Heimat ist diese Sorte sehr beliebt. 'Giallo' bedeutet gelb auf italienisch, es gibt auch eine rote, die 'Rosso' genannt wird. Unter 'Corno di Toro' versteht man das Stierhorn.
Die Sorte wird manchmal auch ´Corno di Bue` genannt, was “Horn des Ochsen” bedeutet.

'Criolla Sella'

Schärfegrad: 5

Herkunft: Bolivien

Pflanze: mittlere Größe, zierliche Triebe und ziemlich kleine und schmale Blätter, ordentlich verzweigt, sehr breit im Wuchs, zarte Blüten mit gelb-grünlichen Flecken in der Mitte

Frucht: hängend, 6-7 cm lang, dabei nur 1 cm breit, spitz zulaufend, meist leicht gekrümmt, äußerst dünnwandig, frühe Sorte, von Grün nach Orange abreifend

Geschmack: sehr angenehmer, fruchtiger Geschmack, mit Noten von Karotten und Zwiebeln

Verwendung: fruchtige Soßen, Salate, zum Trocknen, Weiterverarbeitung zu Chiliflocken oder Pulver

Besonderheiten: Reichlich tragende und robuste Sorte, die sich auch gut für das Freiland eignet. Durch die kurze Reifezeit wird sie dort rechtzeitig erntereif.
Die reifen, frisch geöffneten Früchte verströmen einen fruchtigen Duft, wie ihn nur wenige Chilis in dieser Intensität vorweisen können.

'Cyclon'

Schärfegrad: 5

Herkunft: Polen

Pflanze: kräftig aufgebaute, mittelgroße Pflanze

Frucht: hängend, 10-12 cm lang und oben 3-4 cm breit, gleichmäßig zugespitzt, unten meist etwas gebogen, nicht sehr dickwandig, aber saftig, reift von Grün nach Rot ab

Geschmack: Paprika-Aroma mit würzig-fruchtiger Note

Verwendung: in Soßen, als scharfe Rohkost, zum Braten, zum Trocknen und Einlegen

Besonderheiten: Diese Sorte zeichnet sich durch ihren hohen Ertrag aus. Optisch erinnern die Früchte ein wenig an den Luftwirbel eines Tornados. Vielleicht rührt daher der Sortenname, wenngleich ein Cyclon nochmal etwas anders aussieht.

'De Arbol'

Schärfegrad: 7

Herkunft: Mexiko

Pflanze: groß, sehr buschig und reich verzweigt, zierliche und leicht behaarte Triebe, schnell verholzend, kleine, schmale Blätter, kleine Blüten an langen Blütenstielen

Frucht: schräg aufrecht bis schräg hängend, 8-10 cm, sehr dünn (unter 1 cm), zugespitzt, gekrümmt, sehr dünnwandig, von Grün nach Rot abreifend

Geschmack: würzig, leicht rauchig, sofort spürbare, schneidende Schärfe

Verwendung: aufgrund der Dünnwandigkeit besonders gut zum Trocknen, frisch oder pulverisiert zum Würzen von Speisen

Besonderheiten: Die dünnen Früchte vom Cayenne-Typ sind in Mexiko sehr beliebt. 'De Arbol' bedeutet übersetzt "der Baum" und soll auf die holzigen Triebe und den baumförmig anmutenden Wuchs hinweisen.

'Dedo de Moca'

Schärfegrad: 5

Herkunft: Brasilien

Pflanze: sehr groß, wenige, lange, aufstrebende Triebe, langgestielte, große Blüten mit den typischen gelben Flecken

Frucht: 8- 10 cm lang, ca. 2 cm breit, unregelmäßig walzenförmig mit langgezogener Spitze, anfangs stehend, später hängend, reift von Grün nach Rot, festfleischig

Geschmack: knackige Konsistenz, süßes und blumiges Aroma

Verwendung: Salate, zum Einlegen oder Füllen, Trocknen

Besonderheiten: „Dedo de Moca" bedeutet übersetzt „Mädchenfinger". An die Finger welcher Mädchen die Brasilianer beim Anblick der Chilis wohl gedacht haben, bleibt ungeklärt...

'Demon Red'

Schärfegrad: 7

Herkunft: USA

Pflanze: klein bis mittelhoch, kompakt und stark verzweigt, schmale, filigrane Blätter und Triebe, Blattoberseiten und Stängel schwarz überhaucht, die Blüten klein, violett mit hellerem Zentrum

Frucht: aufrecht stehend, glatt, schmal konisch, bis 2 cm lang und unter 1 cm breit, Fruchtfleisch dünn und eher weich, sehr viele, kleine Samen, von Schwarz nach leuchtend Rot abreifend

Geschmack: frisch, herbwürzig

Verwendung: Früchte als Deko, zum Trocknen oder Würzen, Pflanze als Zierchili

Besonderheiten: Die ´Demon Red` macht im Topf oder Beet immer eine gute Figur. Nicht nur die Früchte, sondern auch die Blüten und Blätter sind hübsch anzusehen.

'Devil's Tongue Yellow'

Schärfegrad: 10

Herkunft: USA

Pflanze: mittelgroß, kräftig, gut verzweigt

Frucht: hängend, 4-5 cm lang und 2-3 cm breit, stark faltig mit Längsrippen, Ende zugespitzt, dünnfleischig, wenige Samen, von Grün nach Orangegelb abreifend

Geschmack: sehr aromatisch, exotisch-fruchtig, früh einsetzende Schärfe

Verwendung: exotische Saucen, Salsas und Gerichte, auch zum Trocknen

Besonderheiten: Die gelbe Teufelszunge sieht der Sorte 'Fatalii' sehr ähnlich, ist aber wahrscheinlich aus einer Habanero hervorgegangen. Angeblich wurde sie Anfang der 1990er Jahre von einem Farmer einer Amisch-Gemeinde in Pennsylvania gezüchtet.
Der hohe Ertrag bei einer verhältnismäßig kurzen Reifezeit zählt zu ihren Vorzügen.

'Dorset Naga'

Schärfegrad: 10+

Herkunft: Großbritannien

Pflanze: mittelgroß, kompakt gewachsen, sehr kräftige Triebe

Frucht: hängend, 6-7 cm lang und 3-4 cm breit, länglich bis bauchig, zugespitzt, leicht faltig und eingedrückt, stark runzelige Oberfläche, von Grün nach leuchtend Rot abreifend

Geschmack: intensives, fruchtiges *C. chinense* Aroma

Verwendung: zum Trocknen und Würzen, für fruchtige Saucen

Besonderheiten: Die ´Dorset Naga` wurde in Großbritannien aus der aus Bangladesh stammenden 'Naga Morich' gezüchtet und auf maximale Schärfe selektiert. Den Schärfe-Weltrekord konnte sie aber trotz gemessener 923.000 Scoville-Einheiten nie einstreichen, da zur gleichen Zeit die berüchtigte 'Bhut Jolokia' mit höheren Werten gemessen wurde.

'Doux d'Espagne'

Schärfegrad: 0

Herkunft: Spanien

Pflanze: mittelgroß bis groß, kräftig, stabile Triebe, wenig verzweigt

Frucht: hängend, 10-15 cm lang und 6-8 cm breit, abgerundete Spitzpaprika, riesige und schwere Früchte, sehr dickfleischig, wenige Samen, unreif grün, reif dunkelrot mit noch dunkleren Schattierungen und Farbverläufen

Geschmack: würzig-aromatischer Paprikageschmack, schön festfleischig

Verwendung: Rohkost, Braten, Grillen, Füllen, Salate

Besonderheiten: Hierbei handelt es sich um eine der besten Paprikas überhaupt. Sie wird ebenfalls 'Dulce de España' oder im englischen 'Spanish Mammoth Pepper' genannt. Die Sorte war Ende des 19. Jahrhunderts auf den Märkten von Paris sehr beliebt und wurde dafür viel in Spanien und Algerien angebaut.

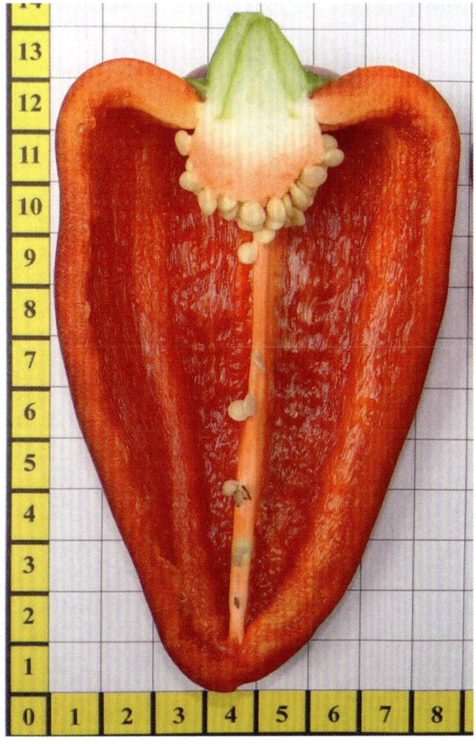

'Doux tres Long des Landes'

Schärfegrad: 0

Herkunft: Frankreich

Pflanze: groß gewachsene, kräftige, gut verzweigte Pflanzen mit ebenfalls großen Blättern

Frucht: 18-22 cm lang und 2-3 cm breit, hängend, leicht gekrümmt, spitz zulaufend, leicht wellige Oberfläche, viele Samen, von Grün nach Rot abreifend

Geschmack: süßer und aromatischer Paprikageschmack

Verwendung: Rohkost, Salate, Grillen oder Braten

Besonderheiten: Die dünnen Paprikafrüchte der "Süssen langen aus Landes", wie der Sortenname übersetzt heißt, zählen zu den längsten überhaupt. Landes ist eine Region im Südwesten Frankreichs, aus der die Sorte stammt. Sie ist äußerst produktiv und gedeiht auch besonders gut im Freiland.

'Dundicut'

Schärfegrad: 7

Herkunft: Pakistan

Pflanze: mittlere Größe, dünne Triebe, schmale und langgestielte Blätter

Frucht: meist zu mehreren in den Verzweigungen der Triebe stehend, rund bis oval, teils leicht zulaufend, ca. 2-3 cm im Durchmesser, fleischig und voller Kerne, von Grün nach Rot abreifend

Geschmack: roh würzig und bitter, getrocknet sehr würzig und aromatisch

Verwendung: gut zum Trocknen geeignet, getrocknet oder frisch zum Würzen von Speisen

Besonderheiten: Die ursprünglich aus der Provinz Sindh im Süden Pakistans stammende Chili ist mittlerweile eine Standardsorte in ganz Pakistan. Sie findet auch in anderen Ländern Südasiens Verwendung.
Die oft auch als 'Lal Mirch' oder 'Lal Mirch Kundri' bezeichneten Früchte werden meist getrocknet als Gewürz für allerlei Speisen verwendet, z.B. Fleisch, Fisch oder Currys.

'Ecuador Purple'

Schärfegrad: 6

Herkunft: Ecuador

Pflanze: kompakter Wuchs, lila überhauchtes Laub, mittlere Wuchshöhe, lila Blüten

Frucht: stehend, ca. 2 cm lang, eiförmig, glatt, dünnwandig, voller Samen, reift in einem Farbschauspiel von lila über cremeweiß nach gelb, dann orange und zuletzt schließlich rot

Geschmack: fruchtig frischer Geschmack, die reifen, roten Früchte haben das meiste Aroma

Verwendung: Garnieren, Einlegen, Früchte und Pflanze als Dekoration, auch zum Trocknen

Besonderheiten: Zweifellos handelt es sich hierbei um eine der schönsten und dekorativsten Sorten. Mit ihren zahlreichen Früchten in verschiedenen Reifestadien ist sie eine bunte Augenweide in Topf und Beet. Sie eignet sich ebenfalls für die Zimmerkultur.

'Ecuadorian Brown'

Schärfegrad: 7-8

Herkunft: Ecuador

Pflanze: groß und kräftig, gut verzweigt, große Blätter, Wuchsform und -höhe für *C. chinense* untypisch

Frucht: hängend, 9-12 cm lang und ca. 3 cm breit, leicht gekrümmt, etwas wellige und eingedellte Oberfläche, dünnwandig, Längsriefen, von Grün nach Dunkelbraun abreifend

Geschmack: würzig und aromatisch, aber nicht klassisch nach *C. chinense*

Verwendung: Saucen, Einlegen, Trocknen

Besonderheiten: Als recht kältetolerante Sorte eignet sich die ´Ecuadorian Brown` gut für die Kultur im Beet und auf dem Balkon.
Offiziell wird sie zwar als *C. chinense* eingestuft, allerdings lässt ihr Erscheinungsbild, eine fehlende Einschnürung des Blütenkelches und der untypische Geschmack zumindest eine Einkreuzung mit *C. annuum* vermuten.
Charakteristisch sind die an eine Naht erinnernden Längsriefen der Früchte. Erst nach einer vergleichsweise langen Reifezei färben sich die Früchte braun.

C. annuum

'Elefantenrüssel'

Schärfegrad: 4

Herkunft: unbekannt

Pflanze: mittelgroß mit zierlichen Trieben

Frucht: hängend, 10-14 cm lang und 1-2 cm breit, zugespitzt, leicht bis stark gekrümmt, wellige Oberfläche (soll wie ein Elefantenrüssel aussehen), dünnwandig, von Grün nach Dunkelgelb abreifend

Geschmack: klassisches Paprika-Aroma gepaart mit leichter Schärfe

Verwendung: Einlegen, Trocknen und Pulverherstellung, zum Würzen diverser Gerichte

Besonderheiten: Ertragreiche, recht frühe Sorte, die aber aufgrund der dünnen Triebe abgestützt werden sollte. Sie gedeiht ebenfalls gut im Freiland.
Woher die Sorte aus der Gruppe der Cayennechili ursprünglich stammt, ist wohl nicht genau zu klären. Sie wurde in der ehemaligen DDR als eine der wenigen "exotischen" Gewürze angebaut.

'Ethiopian Fire'

Schärfegrad: 5

Herkunft: Äthiopien

Pflanze: sehr groß, wird in einem Jahr bis zu 2 m hoch, spät, aber gut verzweigend, gelbe Blütenflecken

Frucht: anfangs stehend, dann hängend, 6-7 cm lang und ca. 1 cm breit, ziemlich gleichmäßiger, karottenartiger Fruchtkörper, erst am Ende zugepitzt, dünnwandig, saftig, von Gelbweiß über Orange nach Hellrot abreifend

Geschmack: intensive aber leicht seifige *C. baccatum*-Note, dabei nicht unangenehm, knackig

Verwendung: Einlegen, fruchtige Saucen, Trocknen

Besonderheiten: Ihre Herkunft macht diese Sorte interessant. *Capsicum baccatum*-Sorten kommen typischerweise aus Südamerika. Nach der Entdeckung Amerikas brachten portugiesische Seefahrer die Art auch nach Afrika, wo sich im Laufe der Zeit in Äthiopien diese Sorte entwickelt hat. Die großen Pflanzen sind äußerst ertragreich.

'Fatalii'

Schärfegrad: 10

Herkunft: Zentralafrika

Pflanze: mittelgroß, kompakt, gut verzweigter, in die Breite gehender Wuchs

Frucht: hängend, 5-7 cm lang und bis ca. 3 cm breit, spitz zulaufend mit ausgeprägten Längsrippen und runzeliger Oberfläche, dünnwandig, wenige Samen, von Grün nach Gelborange abreifend

Geschmack: exotisch-fruchtig, unterscheidet sich im Aroma von anderen *C. chinense*, stechende, lang anhaltende Schärfe

Verwendung: exotische Gerichte, Saucen, Trocknen

Besonderheiten: Wahrscheinlich entstand die Sorte durch Züchtungen von afrikanischen Sklaven, die *Capsicum chinense* Samen bei der Rückkehr aus der Karibik in ihre alte Heimat mitgebracht haben. ´Fatalii` ist überaus ertragreich!

C. chinense

'Fatalii White'

Schärfegrad: 9

Herkunft: La Palma (Kanarische Insel)

Pflanze: mittelhoch, hat kräftige Triebe

Frucht: 5-6 cm lang, 2-3 cm breit, hängend, Fruchtkörper relativ gleichmäßig dick, das Ende ist zugespitzt, insgesamt eine etwas kantige Form, reift von Hellgrün nach Cremeweiß und späterhin bisweilen Hellgelb ab

Geschmack: milder und weniger intensiv als ihre gelbe Schwester, erfrischend fruchtiges Aroma

Verwendung: exotische Gerichte und Saucen, Trocknen und Pulverproduktion

Besonderheiten: Diese besondere Sorte wurde von Semillas gezüchtet. Im reifen Zustand cremeweiße bzw. elfenbeinfarbene Chilis sind selten und darum besonders begehrenswert.

'Fish Pepper'

Schärfegrad: 5

Herkunft: Afrika

Pflanze: mittlere Größe mit zierlichen Zweigen und Blättern, Blätter manchmal nur teilweise, idealerweise an der gesamten Pflanze weißgrün panaschiert, Blüten verhältnismäßig groß

Frucht: hängend, ca. 4 cm lang und 1,5-2 cm dick, zugespitzt, ziemlich dünnwandig, überraschend große Samenkörner, unreif gelbweiß mit grünen Streifen, gelegentlich auch einheitlich grün gefärbt, in Reife rot, ohne Streifen

Geschmack: Bitter, herbwürzig, roh kein Gaumenschmeichler

Verwendung: Fischsuppe, Trocknen, Zierpflanze

Besonderheiten: Die Sorte stammt ursprünglich aus Afrika, wurde später aber viel im Südosten der USA von (ehemaligen) Sklaven angebaut. Sie wird traditionell zum Würzen einer speziellen Fischsuppe verwendet. Im Garten macht sie sich gut als dekorative Zierchili.

'Florines'

Schärfegrad: 0

Herkunft: Griechenland

Pflanze: mittelgroß, wenig verzweigt mit großen, langgestielten Blättern

Frucht: hängend, 12-17 cm lang, 4-5 cm breit, breitschultrige Spitzpaprika-Form, spitzes Ende, dickfleischig, wenige Samen, von Grün nach Rot abreifend

Geschmack: knackig-frischer Gemüsepaprika-Geschmack

Verwendung: Füllen, Braten, Grillen, Einlegen, sehr gut als Rohkost oder in Salaten

Besonderheiten: Aus der Region West-Makedonien in Griechenland stammt diese alte Sorte. Benannt wurde sie nach der Stadt Florina.

'Foodorama Scotch Bonnet'

Schärfegrad: 9

Herkunft: USA

Pflanze: kräftig, gut verzweigt, mittelgroße bis große Pflanze

Frucht: hängend, 3-4 cm lang und breit, sehr unregelmäßige, eingedrückte Form, im Idealfall an das Aussehen einer Schottenmütze (=Scotch Bonnet) erinnernd, recht dünnwandig, wenige Samen, von Grün nach Orange abreifend

Geschmack: klassisches, tropisch-fruchtiges *C. chinense*-Aroma, jedoch noch süßer und aromatischer als Habaneros und nicht so aufdringlich wie Trinidad Scorpions

Verwendung: karibisch-fruchtige Saucen und zum Aromatisieren von exotischem Essen, Trocknen, Pulverherstellung

Besonderheiten: ´Scotch Bonnets` stammen eigentlich aus der Karibik und sind dort äußerst beliebt. Diese Varietät wurde allerdings in Texas, USA entdeckt.

'Georgia Flame'

Schärfegrad: 3-4

Herkunft: Georgien

Pflanze: mittelhoch gewachsen, im oberen Bereich ein gut verzweigter Aufbau, starke Triebe

Frucht: hängend, 10-15 cm lang, ca. 4 cm breit, gleichmäßig zugespitzt, gerade bis mäßig gebogen, angedeutete Längsriefen, von Grün in ein intensives Rot abreifend

Geschmack: würziges Paprikaaroma, saftig und knackig, angenehme „Essschärfe“

Verwendung: Füllen, Braten oder Grillen, in deftigen Gerichten

Besonderheiten: Die Pflanze liefert einen hervorragenden Ertrag. Ihre Früchte gleichen zwar optisch einer Spitzpaprika, jedoch sollte man bei der Verwendung immer die spürbare aber nicht übertriebene Schärfe beachten.
Macht sich ganz hervorragend auf dem Grill.

'Gipsy'

Schärfegrad: 0

Herkunft: Ungarn

Pflanze: kräftig gebaut, ordentlich verzweigt, von mittlerer Wuchshöhe

Frucht: 8-10 cm lang, 5-7 cm breit, zwischen Block- und Spitzpaprika, stumpf zugespitzt, aber mit kammerartiger Form einer Blockpaprika, dickwandig, von Grün mit teils violetten Schattierungen nach Rot abreifend

Geschmack: gute Gemüsepaprika, knackig, saftig, süß

Verwendung: vielseitig einsetzbar, Füllen, Grillen, Braten, Einlegen, Rohkost, Salate

Besonderheiten: Diese Sorte zählt zu den vielen F1-Hybriden, die von der Saatgutindustrie bevorzugt in den letzten Jahren auf dem Markt angeboten werden. Da F1-Hybriden in der nächsten Generation nicht stabil sind, sondern von der Ursprungsform variieren können, ist es empfehlenswert jedes Jahr neues Saatgut zu erwerben.

'Gorria'

Schärfegrad: 2-3

Herkunft: Frankreich

Pflanze: mittelhoch, sehr kräftig, stabil verzweigt

Frucht: 10-12 cm lang und 3-4 cm breit, konische Form mit abgerundeter Spitze, viele Samen, von Grün nach Rot abreifend

Geschmack: süß-würzig, getrocknet besonders aromatisch

Verwendung: besonders zum Trocknen und anschließendem Mahlen geeignet, Rohkost, deftige Gerichte

Besonderheiten: Aus der ´Gorria` wird im Baskenland das bekannte Gewürzpulver ´Piment d'Espelette` hergestellt, das dort ein fester Bestandteil vieler Gerichte ist. Die Sorte unterliegt einem Gebietsschutz, so dass sie nur dort kommerziell angebaut und vermarktet werden darf. Alljährlich wird im Baskenland sogar ein Fest zu Ehren der Chili ausgerichtet, das "Fête du Piment à Espelette".

'Grueso de Plaza'

Schärfegrad: 0

Herkunft: Spanien

Pflanze: mittlere bis hohe Sträucher, kräftige, aber nur mäßig verzweigte Triebe

Frucht: hängend, 12-14 cm lang und etwa halb so breit, bauchige Spitzpaprikaform, sehr dickfleischig, Oberfläche oft mit Korkstreifen versehen, unreif grün mit violetten Maserungen, in Reife ein sehr dunkles Rot

Geschmack: süß, saftig, aromatisch und würzig, knackig, leicht nussiges Aroma

Verwendung: sehr vielseitig, Füllen, Rohkost, Salat, Braten oder Grillen, Einlegen

Besonderheiten: Ohne Zweifel handelt es sich hierbei um eine der besten Gemüsepaprika überhaupt. "Grueso de Plaza" heißt soviel wie "Die Große vom Platz", wahrscheinlich ist in diesem Falle der Marktplatz gemeint.
Die auftretenden Korkstreifen in Längsrichtung sind ähnlich wie bei den 'Jalapeños' keine Qualitätseinbuße, sondern einfach nur eine Eigenart dieser Sorte.

'Habanero Orange'

Schärfegrad: 10

Herkunft: Mexiko

Pflanze: kräftige Triebe, stark verzweigt und belaubt, von mittlerer Wuchshöhe

Frucht: hängend, bis 4 cm lang und ca. 3 cm breit, länglich oval, Ende zugespitzt, längsfaltig, variabel, Oberfläche wachsartig, stark glänzend, dünnwandig, festfleischig, wenige Samen, von Grün nach Orange abreifend

Geschmack: klassisches "Habanero-Aroma", sehr fruchtig und exotisch, intensiver Geruch, an tropische Früchte erinnernd, langanhaltende Schärfe

Verwendung: fruchtige Saucen (z.B. Karibiksauce, siehe Rezeptteil), exotische und fruchtige Speisen, Trocknen

Besonderheiten: Das Wort „Habanero“ bedeutet so viel wie „aus Havanna“ stammend. Dort wird sie zwar auch gerne angebaut und gegessen, urspünglich stammt sie aber von der Halbinsel Yucatan in Mexiko. Zusammen mit ihrer roten Schwester ist die 'Habanero Orange' die älteste und urspünglichste aller Habanero-Varianten.

C. chinense

'Habanero Chocolate'

Schärfegrad: 10

Herkunft: Mexiko

Pflanze: buschig, stark verzweigt, mittlere Größe

Frucht: hängend, 4-5 cm lang und 2-3 cm breit, variable Fruchtform, ausgeprägte Längsrippen, leicht tailliert, recht dickfleischig für eine Habanero, wenige Samen, von Grün nach Schokoladenbraun abreifend

Geschmack: intensiv fruchtig und exotisch

Besonderheiten: Sie ist noch schärfer als die meisten anderen Habaneros.

C. chinense

'Habanero El Remo'

Schärfegrad: 2

Herkunft: Kanarische Inseln

Pflanze: mittelgroßer, mäßig verzweigter Wuchs, breite Blätter

Frucht: ca. 4 x 4 cm, hängend, starke Längsrippen, dickfleischig, wenige Samen, von Grün nach Rot abreifend

Geschmack: typischer Habanero Geschmack

Besonderheiten: Diese sehr milde Habanero ist ein Geschenk für alle, die das Habanero-Aroma mögen, aber weniger die Schärfe.

'Habanero Hot Lemon'

C. chinense

Schärfegrad: 10

Herkunft: USA

Pflanze: mittelgroß, kräftig, buschig

Frucht: 5-6 cm lang und ca. 2,5 cm breit, hängend, unregelmäßig wellig, meist mit Taille, spitz zulaufend, von Grün nach Zitronengelb abreifend, wenige Samen

Geschmack: fruchtig-frisches Habanero-Aroma, sehr intensiv

Besonderheiten: Eine sehr produktive, schöne Habanero, die durch ihre zitronengelbe Farbe auffällt.

'Habanero Red Savina'

C. chinense

Schärfegrad: 10

Herkunft: USA

Pflanze: buschig, mittelhoch, breiter Wuchs

Frucht: 3 x 4 cm, hängend, starke Längsrippen, saftig, recht dickfleischig, von Grün nach Rot abreifend

Geschmack: exotisch fruchtig, sehr intensiv

Besonderheiten: Galt bis 2006 als schärfste Chili der Welt mit 577.000 SHU. In den meisten Fällen erweist sie sich aber als kaum schärfer als andere Habaneros.

'Hot Paper Lantern'

Schärfegrad: 8-9

Herkunft: USA

Pflanze: mittelgroß, breit verzweigt, recht kleine Blätter, Stängel und Blätter leicht behaart

Frucht: meist zu viert oder fünft in den Verzweigungen hängend, 5-6 cm lang und ca. 2 cm breit, spindelförmig mit deutlichen Längsfalten, unreif grün, im oberen Teil violett überhaucht, in Reife kräftig rot, seidig glänzend

Geschmack: angenehm fruchtig, knackig

Verwendung: Salsas, exotische Saucen und Gerichte, sehr gut zum Trocknen

Besonderheiten: Diese recht neu gezüchtete Sorte, die aus einer Habanero hervorgeht, überzeugt durch eine frühe Ernte, einen äußerst vitalen Wuchs und einen gigantischen Ertrag.

'Inca Berry'

Schärfegrad: 8

Herkunft: Peru

Pflanze: breit und ausladend bei mittlerer Höhe, Zweige lang und dünn, Blätter verhältnismäßig klein, Blüte mit kräftigen, gelben Flecken

Frucht: hängend, unregelmäßig eiförmig, 2-3 cm lang und 1,5-2 cm breit, zunächst hell gelbgrün, reift Orangerot ab, festfleischig, matte Oberfläche, überraschend dicke Scheidewand zwischen den beiden Fruchtkammern

Geschmack: fein fruchtig, blumig, knackig, kräftige Schärfe zentral in der Beere konzentriert

Verwendung: fruchtige Saucen und Gerichte, zum Einlegen

Besonderheiten: Hierbei handelt es sich um eine bereits sehr alte Sorte, die vermutlich schon von den Incas angebaut wurde.

'Jalapeño'

Schärfegrad: 4-6

Herkunft: Mexiko

Pflanze: gut verzweigte, mittelhohe Sorte

Frucht: 6-8 cm lang und ca. 2-3 cm breit, walzenförmig mit stumpfem Ende, mit zahlreichen, charakteristischen weißlichen Korkstreifen, sehr dickfleischig, viele Samen, reift von Dunkelgrün nach Rot ab

Geschmack: grüne, unreife Frucht würzig, leicht bitter, rote Früchte mit deutlich mehr Süße, tolles Aroma

Verwendung: Saucen und Salsas, besonders lecker gefüllt und frittiert (siehe Rezeptteil), Einlegen, Räuchern

Besonderheiten: Benannt wurde diese Sorte nach der mexikanischen Stadt Jalapa (Xalapa). Sie ist die wohl beliebteste Chili in Mexiko und den USA. Neben den in diesem Buch beschriebenen Jalapeños gibt es noch viele weitere Varietäten, z.B. die ebenfalls empfehlenswerten 'Jalapeño TAM', 'Jalapeño M' oder 'Biker Bills Jalapeño'.
Die korkigen Längsstreifen sind kein Zeichen von schlechter Qualität, sondern völlig normal. In Mexiko werden sogar Jalapeños mit vielen Korkstreifen bevorzugt.
Sie werden ebenfalls gerne über Rauch getrocknet. Dann werden sie als 'Chipotles' bezeichnet.

'Jalapeño Conchos'

C. annuum

Schärfegrad: 0-1

Herkunft: Kanarische Inseln

Pflanze: mittelgroß, aufrechter, kräftiger Wuchs, wenig verzweigt, große Blüten

Frucht: walzenförmig mit abgerundeter Spitze, 8-10 cm lang, 3-4 cm breit, von Grün nach Rot abreifend, typische Korkstreifen, sehr dickfleischig

Geschmack: wie die Standard-Jalapeño sehr aromatisch, nur ohne Schärfe

Besonderheiten: Deutlich größer als normale Jalapeños.

'Jalapeño Purple'

C. annuum

Schärfegrad: 3-4

Herkunft: USA

Pflanze: gut verzweigte, mittelhohe Sorte, große violette Blüte

Frucht: 5-6 cm lang, ca. 2 cm breit, walzenförmig mit stumpfem Ende, keine Korkstreifen, dickfleischig, viele Samen, reift von Dunkelviolett nach Dunkelrot ab

Geschmack: ähnlich der normalen Jalapeño, würzig

Besonderheiten: Der interessante Farbwechsel während der Reifung macht einen zusätzlichen Reiz aus. Guter Ertrag!

'Jamaican Scotch Bonnet Long'

Schärfegrad: 10

Herkunft: Jamaika

Pflanze: groß aufstrebend, aber eher schmal aufgebaut

Frucht: hängend, 4-6 cm lang und 2-3 cm breit, schlankerer oberer Teil, im unteren Bereich bauchig, stark faltig und gelappt, Ende mit deformiertem "Stachel", dünnwandig, wenige Samen, von Grün zu Orange abreifend

Geschmack: angenehm, tropisch-fruchtig, überhaupt nicht aufdringlich

Verwendung: exotische Saucen und Gerichte, zum Trocknen und zur Pulverherstellung

Besonderheiten: Hierbei handelt es sich um eine langgestreckte, optisch und kulinarisch sehr ansprechende Variante der in der Karibik häufig verwendeten 'Scotch-Bonnet'-Chilis.
Von allen *Capsicum chinense*-Sorten eine der aromatischsten!

'Jamaican Hot Yellow'

Schärfegrad: 8

Herkunft: Jamaika

Pflanze: mittlere Wuchshöhe, kompakt, buschig gewachsen, reichlich belaubt, Blätter klein und schmal wie bei einer *C. annuum*

Frucht: hängend, 3-4 cm lang und 5-6 cm breit, markante Form, an ein UFO erinnernd, oben breit und flach, sich nach unten verjüngend, drei Fruchtkammern, dünnwandig, reift von Grün nach Goldgelb ab

Geschmack: sehr angenehm würzig und aromatisch, kein typischer *C. chinense*-Geschmack

Verwendung: scharfe Saucen, zum Trocknen, frisch und getrocknet zum Würzen

Besonderheiten: Es ist nicht ganz klar, ob es sich bei der 'Jamaican Hot Yellow' um eine *Capsicum annuum* oder *C. chinense* handelt. Möglich wäre ebenfalls eine Kreuzung aus beiden Arten. Sie sieht zwar durchaus einer 'Scotch Bonnet' (*C. chinense*) ähnlich, weist aber bei genauerer Betrachtung viele Merkmale einer *C. annuum* auf.

'Jay's Peach Ghost Scorpion'

Schärfegrad: 10+

Herkunft: USA

Pflanze: mittelhohe, in die breite wachsende, kräftige Chili

Frucht: hängend, 5-7 cm lang, 2-3 cm breit, sehr variabel in der Form, Oberfläche stark runzelig mit Längsrippen, Frucht oft tailliert, spitz zulaufend, manchmal mit Stachel, dünnwandig, wenige Samen, reift von hellem Grün nach Apricotfarben

Geschmack: intensiv fruchtig, exotisch

Verwendung: karibische Saucen und Gerichte, hervorragend zum Trocknen und zur Pulverproduktion geeignet

Besonderheiten: Die Sorte ist eine Kreuzung aus ´Bhut Jolokia` und ´Trinidad Scorpion`, entwickelt von einem Farmer namens Jay aus Pennsylvania.
In der Form der Früchte setzt sich manchmal die Geisterchili durch, mal der Scorpion, in allen Fällen ist sie aber extrem scharf!
Durch ihren sehr guten Ertrag, das tolle Aroma und die äußerst ansehnliche Farbe ist sie ein "must have" für jeden Schärfefreak.

'Jelly Bean'

Schärfegrad: 9

Herkunft: Peru

Pflanze: sehr buschige, kleine, gut verzweigte Pflanze mit ebenfalls kleinen Blättern, Blüten und später Früchten an jeder Verzweigung

Frucht: hängend 1,5-2 cm lang und 1-1,5 cm breit, oval, glatte Oberfläche, dickwandig, mit Samen ausgefüllt, von Hellgrün nach Cremeweiß abreifend

Geschmack: fruchtig-frisch, spät kommende, sich langsam intensivierende Schärfe, deutliches Habanero-Aroma

Verwendung: Saucen, Salsas, als „Naschfrucht" für die ganz Mutigen

Besonderheiten: Diese Sorte zählt zu den wenigen Chilis, die annähernd weiß abreifen. Mit ihrer Wuchsform und der Fruchtfarbe ist sie eine willkommene Abwechslung. Zudem handelt es sich um einen wahren Massenträger.

'Jimmy Nardello's'

Schärfegrad: 0

Herkunft: Italien/USA

Pflanze: kräftige, mittelgroß werdende Pflanze

Frucht: 12-16 cm lang und 2-3 cm breit, spitz zulaufend, hängend, leicht bis stark gekrümmt, wellige Oberfläche, von Grün nach Rot abreifend

Geschmack: aromatisch und sehr süß

Verwendung: Gemüsepaprika, zum Einlegen oder Rohverzehr, aber ganz besonders zum Braten geeignet, daher auch als 'Sweet Italian Frying Pepper' bekannt

Besonderheiten: Der Sortenname stammt von Jimmy Nardiello, dessen Eltern Giuseppe und Angella die Samen 1887 aus Basilicata (Italien) in die USA brachten. Jimmy spendete die Sorte dem Seed Saver Exchange, einer Organisation, die sich dem Erhalt alter Kulturpflanzen widmet.

'Joe's Long Cayenne'

Schärfegrad: 6

Herkunft: Italien

Pflanze: groß und gut verzweigt mit langen Trieben, große, reinweiße Blüten an langen Stielen sitzend

Frucht: hängend, 20-30 cm lang, dabei nur etwa 1,5 cm breit, leicht bis sehr stark gekrümmt, wellige Oberfläche wie ein Elefantenrüssel, dünnwandig, viele Samen, von Grün nach Rot abreifend

Geschmack: kräftig würzig, dabei süß, leicht rauchig, typisch 'Cayenne'

Verwendung: Trocknen, ideal für Ristras, Würzen, Saucen, besonders BBQ

Besonderheiten: Unter der Last der Früchte biegen sich die Triebe dieser enorm ertragreichen Sorte.
Mit einer Fruchtlänge von 30 cm und in Ausnahmefällen sogar darüber hinaus stellt sie eine der längsten Chilis überhaupt dar.
Ähnlich wie die 'Jimmy Nardello's' stammt die Sorte ursprünglich aus Italien und wurde dann in die USA gebracht.

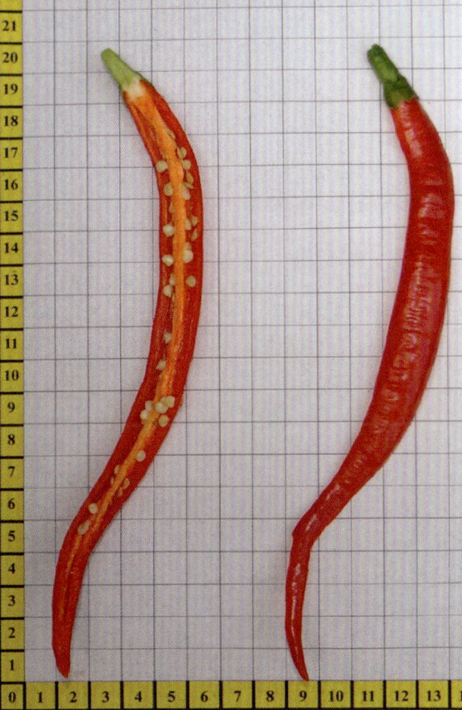

'Kitchen Pepper Peach'

Schärfegrad: 8

Herkunft: Kanarische Inseln

Pflanze: mittelgroß, buschig, gut verzweigt, bildet eine schöne Krone aus

Frucht: aufrecht über den Blättern stehend, werden etwa 3-4 cm lang und breit, 3-4 Fruchtkammern, deutlich ausgeprägte Längsfurchen enden in unregelmäßiger, stumpfer Spitze, dünnwandig, von Grün in ein Pfirsich-Orange abreifend

Geschmack: gutes, fruchtiges Aroma, leicht würzig

Verwendung: Saucen und Salsas, frisch und getrocknet als Würze

Besonderheiten: Mit ´Kitchen Pepper Peach` ist Semillas auf La Palma eine weitere interessante Neuzüchtung geglückt. Sie besticht durch ihre wunderschönen, pfirsichfarbenen, aufrecht stehenden Früchte, die in ihrem Aussehen einer 'Scotch Bonnet'-Chili ähneln. Eine Verwandtschaft zu dieser besteht allerdings nicht, da es sich um zwei unterschiedliche *Capsicum*-Arten handelt.

'Kondom Paprika'

Schärfegrad: 4-5

Herkunft: USA

Pflanze: sehr groß und ausladend, wenig verzweigte, kräftige Triebe, große Blätter, langgestielte Blüten mit gelben Blütenflecken

Frucht: hängend, 8-10 cm lang, 3-4 cm breit, ungleichmäßig eingedrückt, faltig, langgezogener Zipfel am Ende der Frucht, dünnwandig, von Grün nach Rot abreifend

Geschmack: blumig, fruchtig, typisch *C. baccatum*

Verwendung: Einlegen, Füllen, Trocknen

Besonderheiten: Sex sells! Die Sorte sieht - wohl das Ziel dieser Züchtung - tatsächlich ein wenig wie ein Kondom aus. Sie taugt aber trotzdem sehr gut für die kulinarische Verwendung.

'Koral'

Schärfegrad: 6

Herkunft: ehemalige Tschechoslowakei

Pflanze: mittlere Wuchshöhe, buschig und dicht verzweigt, feinteiliger Trieb- und Blattaufbau

Frucht: ca. 2 cm lang und bis zu 2,5 cm breit, hängend, glatte Oberfläche, runde Form, mit Samen gefüllt, von Grün nach Rot abreifend

Geschmack: würzig und aromatisch, knackig, für eine Kirschchili extrem scharf

Verwendung: Einlegen, Füllen mit Frischkäse, Trocknen zwar möglich, aber aufgrund der großen Menge an Samen nicht empfehlenswert

Besonderheiten: Diese scharfe Kirsch-Chili-Sorte ist in den Balkanstaaten sehr beliebt, da sie einen tollen Geschmack hat.
Sie lässt sich auch sehr gut im Freiland anbauen, kühles Wetter macht ihr nicht so viel aus.

'Lemon Drop'

Schärfegrad: 8

Herkunft: Peru, Bolivien

Pflanze: ausladender und gut verzweigter, mittlerer bis großer Wuchs, Triebe recht dünn und unter dem hohen Fruchtgewicht überhängend, Blüte mit grünlichen Flecken um die Mitte

Frucht: 7-8 cm lang, ca. 1,5 cm breit, zunächst stehend, dann hängend, unregelmäßig geformt, oft mit Huckeln oder kleinen Warzen auf der Oberfläche, kaum bis mäßig gekrümmt, leichte Längsriefen, dünnwandig und knackig, wenige Samen, reift von Grün nach Zitronengelb ab

Geschmack: frischer, fruchtiger Geschmack und Geruch, verzögerte, dafür langanhaltende Schärfe, tatsächlich mit dezentem Zitrusaroma

Verwendung: feurige Salate, fruchtige Saucen, zum Einlegen und Trocknen, ergibt ein sehr schmackhaftes Chilipulver

Besonderheiten: Bei dieser Sorte vereinen sich viele positive Eigenschaften. Sie ist nicht nur überaus ertragreich und dekorativ, sondern eine der köstlichsten Chilis überhaupt. Wer wenig Schärfe aushält, aber trotzdem in ihren Genuss kommen möchte, sollte in die unterste Spitze der Chili beißen. Dort ist sie fast schärfefrei.

'Limon'

Schärfegrad: 8

Herkunft: Peru

Pflanze: klein und kompakt, meist breiter als hoch, stark verzweigt und sehr buschig, dicht belaubt, kleine, unterseits behaarte Blätter und behaarte Stängel

Frucht: 3-4 cm lang, bis zu 2 cm breit, in Massen unter dem Blätterdach hängend, spindelförmig, knapp über der Mitte bauchig verdickt, spitz zulaufend, dünnfleischig, von Grün in ein herrliches Zitronengelb abreifend

Geschmack: erfrischendes, im Vergleich zu anderen *C. chinense* dezenteres Aroma, stechende, schnell einsetzende Schärfe

Verwendung: fruchtige Saucen und Gerichte, ebenfalls zum Trocknen

Besonderheiten: Hierbei handelt es sich um einen Massenträger mit gutem Aroma. An einer Pflanze hängen unzählige Früchte! Ihr äußerst ansprechender Wuchs macht sich aufgrund ihrer Kompaktheit gut im Zimmer, auf dem Beet oder Balkon.
Der Sortenname bezieht sich einzig und allein auf die Farbe der Früchte. Ein Zitronenaroma muss man sich hinzudichten.

'Lotha Bih'

Schärfegrad: 7

Herkunft: Indien

Pflanze: groß gewachsen, schmaler, nach oben strebender Wuchs, Blätter und Stängel sind ganz leicht behaart, Blüte ansehnlich, grünlichweiß gefärbt mit purpurfarbenen Staubfäden

Frucht: schräg aufrecht stehend über horizontal bis leicht hängend, ca. 4 cm lang und nicht mal 1 cm breit, leicht gekrümmt, etwas zugespitzt, wellige, sehr unregelmäßige Oberfläche, dünnwandig, seidig glänzend, von Grün nach Rot abreifend

Geschmack: würzig, aromatisch, leicht fruchtig

Verwendung: Saucen, zum Trocknen und Pulverisieren, frisch und getrocknet als Würze für allerlei Gerichte

Besonderheiten: Ebenso wie die berühmte 'Bhut Jolokia' stammt diese Sorte aus der Region Assam in Indien. In der superscharfen Sorte lässt sich auch Erbgut von *C. frutescens* nachweisen. Daher wird davon ausgegangen, dass die 'Bhut Jolokia' aus Kreuzungen der 'Lotah Bih' mit weiteren, nicht näher bekannten Chilisorten hervorgegangen ist.

'Madame Jeanette'

Schärfegrad: 10

Herkunft: Surinam

Pflanze: buschig kompakt, mittlere Höhe, auffallend große Blätter

Frucht: hängend, 4-5 cm lang und 2-3 cm breit, blockige, etwas längliche Form, manchmal mit einer leichten Taille, deutliche Längsrippen, von Hellgrün nach Orangegelb abreifend, saftiges Fruchtfleisch, wenige Samen

Geschmack: sehr fruchtig, tropisch, gutes Habanero-Aroma

Verwendung: exotische Saucen und Gerichte, wichtiger Bestandteil der surinamischen Küche

Besonderheiten: Diese schon sehr alte Sorte vom Habanero-Typ wird auch 'Surinam Yellow' genannt. Die ebenfalls in Surinam beliebte *Capsicum chinense*-Sorte 'Adjuma' ist ihr sehr ähnlich.

'Malagueta'

Schärfegrad: 7-8

Herkunft: Brasilien

Pflanze: mittelhoch, buschig, gut verzweigt, zarte Triebe und Blätter, kleine, grünweiße Blüten

Frucht: aufrecht stehend, etwa 3 cm lang und unter 1 cm breit, schmal zulaufend, leicht gewellt und gelegentlich leicht gekrümmt, dünnwandig und weichfleischig, viele Samen, von Grün nach Rot abreifend

Geschmack: fruchtig-würzig, saftig, kurz anhaltende Schärfe

Verwendung: Trocknen, Pulverisieren, Würzen

Besonderheiten: Hierbei handelt es sich um eine beliebte Chili in der spanisch- und portugiesischsprachigen Welt. Dort ist sie auch unter der Bezeichnung 'Birdseye' bekannt. Allerdings gibt es neben dieser Sorte weitere kleine und scharfe Chilis, die so bezeichnet werden.
Keinesfalls zu verwechseln ist diese Sorte mit Melegueta (*Aframomum melegueta*), einem afrikanischen Gewürz.
Bemerkenswert ist zudem, wie leicht sich die reife Frucht vom Stiel lösen lässt.

'Masquerade'

Schärfegrad: 6-7

Herkunft: unbekannt

Pflanze: klein und kompakt, sehr aparte Blüten mit weißem Zentrum und violettem Rand

Frucht: aufrecht in Büscheln an den Enden der Triebe stehend, 4-5 cm lang und 1-1,5 cm breit, konisch zugespitzt, oft leicht gekrümmt, dünnwandig, viele Samen, während der Reife mit schönem Farbverlauf von Weißgelb zu Lila, dann über Gelborange in ein dunkles Rot

Geschmack: würzig, pikant

Verwendung: Zierchili, frisch und getrocknet zum Würzen

Besonderheiten: Dekorative und dankbare Ziersorte, die sich als Zimmerpflanze genauso gut macht wie als herbstliche Beet- und Schalenbepflanzung.
Um die Sortenreinheit zu gewähren, muss bei dieser F1-Hybride auf alljährlich neu gekauftes Saatgut zurückgegriffen werden. Vor diesem Hintergrund wurde der Anteil an F1-Hybriden in diesem Buch minimiert und nur sehr wenige, besonders empfehlenswerte F1-Sorten aufgenommen.

'Maya Pimento'

Schärfegrad: 9

Herkunft: Mexiko

Pflanze: mittelgroße, ausladende, gut verzweigte Pflanzen

Frucht: hängend, 6-7 cm lang und etwa 2-3 cm breit, unregelmäßig spindelförmig, Mitte oft bauchig, leichte Dellen, unreif grün, bei viel Sonne rötlich überhaucht, reif rot

Geschmack: süß und fruchtig, dabei sehr scharf, Fruchtfleisch zart im Biss

Verwendung: Salsas, fruchtige Saucen und Gerichte, Trocknen

Besonderheiten: Bei dieser Sorte ist ein sehr guter Ertrag an schmackhaften Früchten garantiert.

'Minilil'

Schärfegrad: 4

Herkunft: unbekannt

Pflanze: gut verzweigte, sehr kleine Pflanze, äußerst kompakter Wuchs, Blätter sehr klein, fast schwarz, dabei mehr oder weniger grün gemasert, leuchtend violette, kleine und filigrane Blüten

Frucht: an schönen, violetten Stielen aufrecht stehend, etwa 2-2,5 cm lang und bis 0,5 cm breit, teilweise leicht gekrümmt und wellig, von Lila nach Gelbweiß, dann über Orange und zuletzt nach Hellrot abreifend

Geschmack: würziges, leicht seifiges Aroma, ähnlich einer 'Bonsaichili'

Verwendung: Früchte zum Trocknen und Würzen, schön als Deko, Pflanze als Zierpflanze in Beeten, Balkonkästen und Töpfen, aufgrund ihrer geringen Größe ebenfalls super in der Wohnung

Besonderheiten: Diese ausgesprochen hübsche Sorte wird trotz ihres sehr hohem Zierwert kaum angeboten. Eine gründliche Suche nach Bezugsquellen im Internet lohnt die Mühen. Um diese Chili werden Sie viele beneiden!

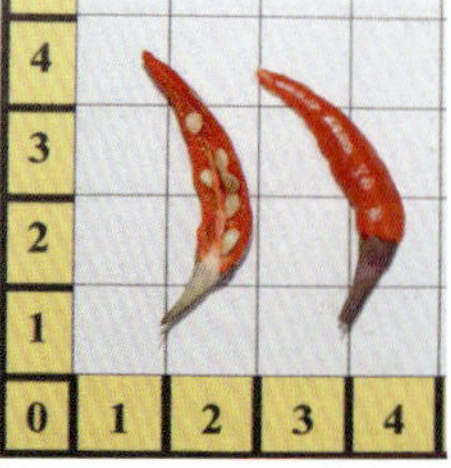

'Naga Viper'

Schärfegrad: 10+

Herkunft: Großbritannien

Pflanze: groß gewachsen, kräftig, ebenfalls große und breite Blätter

Frucht: hängend, 5-6 cm lang und ca. 3 cm breit, Oberfläche leicht runzelig, ausgeprägte Längsfalten, Ende spitz zulaufend, gelegentlich stachelartig, von Grün in ein intensives Rot abreifend

Geschmack: intensives, fruchtig-exotisches Aroma gepaart mit einer langanhaltenden Schärfe

Verwendung: exotische Saucen, Trocknen, Würzen

Besonderheiten: Anfang 2011 war die ´Naga Viper` kurzzeitig der Weltrekordhalter in Sachen Schärfe mit einem Mean Heat (Durchschnitts-) Wert von 1.382.118 Scoville- Einheiten. Bereits kurze Zeit später wurde sie von der 'Trinidad Scorpion Butch T' abgelöst.
Sie ist eine dreifache Hybride aus 'Naga Morich', 'Bhut Jolokia' und 'Trinidad Scorpion', wodurch sie in ihrem Erscheinungsbild variieren kann.

'Nagabon'

Schärfegrad: 10

Herkunft: Australien

Pflanze: kräftiger, aufrechter Wuchs, mittelgroße bis große Pflanzen

Frucht: 4-5 cm lang und 2-3 cm breit, hängend, mit deutlichen Längsrippen, breitschultrige Form, etwas konisch zugespitzt, Ende stumpf bis leicht spitz, dünnwandig, wenige Samen, von Grün nach Rot abreifend

Geschmack: fruchtig und aromatisch wie eine 'Scotch Bonnet', fast so scharf wie eine 'Bhut Jolokia'

Verwendung: exotische Saucen und Gerichte, zum Trocknen und Pulverisieren gut geeignet

Besonderheiten: 'Nagabon' ist eine Kreuzung zwischen 'Bhut (Naga) Jolokia' und 'Scotch Bonnet'. Aus den Namen der Eltern wurde auch der Sortenname zusammengemischt. Ziel der Züchtung war es, die Schärfe der 'Bhut Jolokia' mit dem Aroma der 'Scotch Bonnet' zu vereinen.

'Nepalese Bell'

Schärfegrad: 1-2

Herkunft: Nepal

Pflanze: sehr groß, die langen überhängenden Triebe sind weit ausladend, typische gelbe Blütenflecken

Frucht: hängend, 8-10 cm im Durchmesser, ca. 5-7 cm lang, glockenförmig mit meist drei Kammern, relativ dickwandig, wenige Samen, von Grün nach Rot abreifend

Geschmack: angenehm fruchtig und frisch, süßliche Paprikanote, nur ganz in der Mitte, an der Plazenta etwas Schärfe

Verwendung: Rohkost, Salate, wunderbar zum Füllen und Einlegen

Besonderheiten: Ähnelt zwar optisch sehr der Sorte 'Bishopscrown', ist aber im Vergleich mit dieser milder und größer.
Sie wächst wie viele *Capsicum baccatum*-Sorten auch sehr gut im Freiland.

'Nocturne'

Schärfegrad: 0

Herkunft: unbekannt

Pflanze: mittelgroße Pflanze mit stabilen, breiten Trieben

Frucht: hängend, 8-10 cm lang und 4-5 cm breit, kegelförmig, dickfleischig, tiefrotes, weiches Fruchtfleisch, wenige Samen, reift von einem tiefen, glänzenden Schwarz in ein schönes Dunkelrot ab

Geschmack: würzig, fast nussig, dabei aber mild, sehr gute Gemüsepaprika

Verwendung: vielseitig verwendbar, Rohkost, Füllen, Braten, Grillen, besonders im schwarzen Zustand als Deko

Besonderheiten: Hierbei handelt es sich um eine der eindrucksvollsten Paprika überhaupt. Die Früchte bleiben lange tiefschwarz und sehen dann einfach nur spektakulär aus. Im reifen, tiefroten Zustand bleiben sie ebenfalls sehr ansehnlich.

'NuMex Sandia'

Schärfegrad: 2-3

Herkunft: USA

Pflanze: lockerer, breiter Wuchs von mittlerer Höhe

Frucht: hängend, 12-16 cm lang und bis zu 4 cm breit, schwach bis mäßig gekrümmt, zugespitzt, flachgedrückte Form, eher dünnwandig, von Grün nach Rot abreifend

Geschmack: angenehm würziges Paprika-Aroma, die Haut ist etwas zäh

Verwendung: frisch oder gebraten, enthäutet zum Füllen oder für Salsas, getrocknet und gemahlen für Saucen jeder Art

Besonderheiten: Diese Sorte ist in den südlichen US-Bundesstaaten, vor allem in New Mexico, sehr beliebt. Sie wird dort zu Salsas oder als Chile Rellenos verarbeitet. Dafür werden die Früchte nach Art der frittierten Jalapeños (siehe Rezeptteil) zubereitet, entweder mit Hackfleisch oder mit Käsefüllung.

'NuMex Twilight'

Schärfegrad: 6

Herkunft: USA

Pflanze: kompakt, buschig und feingliedrig verzweigt, klein bis mittelgroß, kleine Blätter und Blüten

Frucht: aufrecht, spitz eiförmig, 2-3 cm lang und bis ca. 1,5 cm breit, dünnwandig, mit Samen ausgefüllt, in einem herrlichen Farbwechsel von Weißgelb über Violett nach Gelb und schließlich über Orange nach Rot abreifend, oft alle Farben gleichzeitig an einer Pflanze

Geschmack: leicht fruchtig, würzig

Verwendung: Trocknen, als Würze, sehr schöne Dekopflanze für Balkon und Zimmer

Besonderheiten: Mit der Kultur dieser Sorte ist ein tolles Farbspektakel garantiert. 'NuMex' steht für die New Mexican State University. Am dort ansässigen Chile Pepper Institute wurde diese Sorte, aber auch viele weitere mit entsprechendem Namenszusatz, gezüchtet.

'Orange Lantern'

Schärfegrad: 9

Herkunft: Peru

Pflanze: buschig-kräftiger Wuchs, mittelgroße Pflanze mit fein behaarten, violett überhauchten Stängeln

Frucht: hängend, 3-4 cm lang und 2 cm breit, laternenförmig, unten spitz zulaufend, dünnwandig, unreif grün, im oberen Bereich violett schattiert, reif orange, wachsartig wirkende Oberfläche

Geschmack: sehr Intensives *C. chinense*-Aroma, stechende Schärfe, die sich langsam entwickelt

Verwendung: exotische Saucen und Gerichte, zum Trocknen und Pulverisieren

Besonderheiten: Diese hübsche Sorte ist in ihrer Heimat sehr beliebt. Sie begeistert zudem durch einen hohen Ertrag.

'Ovetti'

Schärfegrad: 3

Herkunft: Italien

Pflanze: sehr kompakt, klein gewachsen, stark belaubt, langstielige, dunkelgrüne Blätter, große, aufrechte Blüten mit auffallend dicken Fruchtknoten, gehäuft an den Triebenden

Frucht: stehend, 2-3 cm im Durchmesser, rundlich, glatt, große Plazenta, viele Samen, von Cremeweiß nach Pastellorange abreifend

Geschmack: leicht würziger Geschmack mit fruchtiger Note

Verwendung: Früchte als Dekoration oder zum Einlegen, Pflanze als Zierchili in Beeten, auf dem Balkon oder in der Wohnung

Besonderheiten: Die Früchte dieser Zierchili ähneln Eiern, worauf sich die Bedeutung ihres italienischen Namens bezieht. Neben ihrem hübschen Anblick ist diese Ziersorte auch geschmacklich wirklich angenehm, und nicht zu scharf.

'Pequin Firecracker'

Schärfegrad: 7-8

Herkunft: unbekannt

Pflanze: klein, sehr kompakt und buschig

Frucht: aufrecht, 2-3 cm lang und ca. 1,5 cm breit, spitz kegelförmig, dünnwandig mit vielen Samen, reift von Cremeweiß mit Lila über Orange nach Rot mit dunkleren Maserungen ab

Geschmack: würziges, leicht seifiges Thaichili-Aroma

Verwendung: Trocknen und Pulverisieren, Pflanze als Zierchili

Besonderheiten: Es gibt eine ganze Reihe von Zierchilis, die als 'Pequin' bezeichnet werden. Sie alle haben kleine, aufrechte, scharfe Früchte und einen kompakten Wuchs und eignen sich bestens zum Auspflanzen in Beeten und auf Balkonen.
'Pequin Firecracker' ist eine verhältnismäßig großfruchtige Variante, die durch ihr reiches Farbspiel begeistert.

'Peruvian Long Brown'

Schärfegrad: 9

Herkunft: Peru

Pflanze: groß, aufstrebend verzweigt, filzig behaarte Triebe und Blätter

Frucht: bis 8 cm lang und ca. 2 cm breit, hängend, schwach gekrümmt und leicht tailliert, deutliche Längsfalten, Ende zugespitzt, reift von Grün nach Braun ab, dünnwandig

Geschmack: würzig intensiv, sehr aromatisch

Verwendung: Saucen, getrocknet und frisch als Würze

Besonderheiten: Für eine *Capsicum chinense* sind die Behaarung der Pflanze und die langen Früchte sehr ungewöhnlich. Das macht die Sorte zu etwas Besonderem und interessant für jede Chilipflanzen-Sammlung.

'Peter Pepper'

Schärfegrad: 6

Herkunft: USA

Pflanze: mittlere Wuchshöhe, kräftig und buschig

Frucht: hängend, 7-9 cm lang und ca. 2,5 cm breit, sehr variable Form, schwach bis stark gekrümmt, kräftig runzelig-gefurchte Oberfläche, Spitze stumpf, zweigeteilt, dünnwandig, von Grün nach Rot abreifend

Geschmack: intensiv-würziges Aroma, früh einsetzende Schärfe

Verwendung: Saucen, Einlegen, Trocknen und Pulverherstellung

Besonderheiten: Eine sehr ungewöhnliche Sorte, deren Früchte auf ein bestimmtes Aussehen hin gezüchtet wurden. Besonders schöne Exemplare erinnern den Betrachter an einen Penis, was durchaus so gewollt ist. Es wird sogar ein Schnaps verkauft, in dem eine solche Chili als Ganzes eingelegt ist, der so genannte „Chili Vodka Hot Feeling“.

'Petit Marseillaise'

Schärfegrad: 0

Herkunft: Frankreich

Pflanze: gut verzweigt, mittelhoch, stabiler Wuchs

Frucht: hängend, langgestreckte Blockpaprika-Form, 8-10 cm lang und 3-4 cm breit, in der Mitte flachgedrückt mit tiefen Dellen, saftig, wenige Samen, von Grün nach Gelb-Orange abreifend

Geschmack: süßer Paprika-Geschmack, ideal auch für Kinder

Verwendung: Rohkost, Füllen, Grillen, Braten oder Einlegen

Besonderheiten: Der Name dieser Sorte bedeutet "Kleine aus Marseille". In der Provence, wo die Sorte herstammt, werden die Früchte traditionell grün geerntet, gefüllt und dann in Olivenöl gebraten.
Sie ist äußerst ertragreich, die Paprikas sind aber nicht sehr haltbar und beginnen früh zu schrumpeln.

'Pimenta de Neyde'

Schärfegrad: 10

Herkunft: Brasilien

Pflanze: hoher, aufrechter Wuchs, Triebe und Blattstiele violett-schwarz, Blüten weiß und oberseits violett überhaucht

Frucht: hängend, 4-6 cm lang und 2 cm breit, länglich-oval bis laternenförmig, meist glatt mit einer zulaufenden Spitze, dünnwandig, unreif dunkelviolett, fast schwarz, reifen über Purpur bis Violett in in ein Apricot ab, im Innern grün

Geschmack: sehr intensives *C. chinense*-Aroma, schnell einsetzende Schärfe

Verwendung: Saucen, Pulver, Chili Salz, Deko

Besonderheiten: Durch ihre besondere Fruchtfärbung ist ´Pimenta de Neyde` eine wahre Rarität. Über Wochen sehen ihre Früchte fast wie kleine Auberginen aus. Erst sehr spät setzt der Farbumschlag in ein Violett bis Purpur, teilweise etwas ins Apricot gehend, ein. Häufig bleibt dieser Farbumschlag unbemerkt, weil die Früchte bereits abgeerntet wurden.

'Pimenta Moranga'

Schärfegrad: 9

Herkunft: Brasilien

Pflanze: groß, gut verzweigt, aufstrebender Wuchs, Laub oberseits schwarzlila eingefärbt, Blätter in "Etagen", Stängel dunkelviolett, Blüten oberseits violett überhaucht

Frucht: aufrecht, in Büscheln am Ende der Triebe stehend, 3-4 cm lang und ca. 2 cm breit, länglich-oval, wenige Samen, dünnwandig, saftig, von Blass-Violett nach Dunkelrot abreifend

Geschmack: süßes, würziges Habanero-Aroma, saftig und dennoch knackig

Verwendung: Saucen, Trocknen, Würzen, als Zierpflanze

Besonderheiten: Hierbei handelt es sich um eine sehr ungewöhnliche, dekorative *Capsicum chinense*-Sorte. Sie ist noch recht wenig bekannt und eine besondere Empfehlung für die Liebhaber von außergewöhnlichen Chilis.

'Pimento Blanco'

Schärfegrad: 0

Herkunft: Spanien

Pflanze: groß, in die Höhe gewachsen und wenig verzweigt, ungewöhnlich große Blätter mit gewelltem Rand

Frucht: hängend, 16-20 cm lang und 4-5 cm dick, gleichmäßig zugespitzt, leicht bis deutlich gekrümmt, dickwandig, von Cremeweiß über Orange nach Rot abreifend, attraktive Farbverläufe

Geschmack: angenehm süß und knackig, typisches Paprikaaroma

Verwendung: Rohkost, Füllen, Braten, in Salaten

Besonderheiten: Im Sommer hängen die Pflanzen voller riesiger Früchte in allen Farben der Fruchtreife. Ein wundervoller Anblick!

'Pimiento de Padrón'

Schärfegrad: 0-5

Herkunft: Spanien

Pflanze: groß, in die Höhe treibend, aber nicht sehr breit, wenig verzweigt, Blüten auffallend groß, Blätter ebenfalls groß, langgestielt und dunkelgrün

Frucht: hängend, 5-6 cm lang und ca. 4 cm breit, blockige, leicht zulaufende Form, deutliche Längsfalten, Ende oft zweigeteilt, von Grün nach Rot abreifend

Geschmack: unreif herb, bitter-würzig, ausgereift süßer

Verwendung: grüne Früchte als „Bratpaprika" (mittlerweile häufig im Supermarkt) im Ganzen in Olivenöl gebraten und mit grobem Meersalz bestreut. Einfach, aber köstlich!

Besonderheiten: Schon ein galicisches Sprichwort weiß über die Paprikas aus dem Ort Padrón zu berichten: „Manche sind scharf, andere nicht". Und so ist es auch tatsächlich – lassen Sie sich überraschen! Gekaufte, grüne Padróns aus dem Supermarkt sind hingegen selten wirklich scharf.

'Pimiento Picón'

Schärfegrad: 2-3

Herkunft: Kanarische Inseln

Pflanze: kräftiger Wuchs, mäßig verzweigt, mittelgroß bis groß

Frucht: hängend, 10-12 cm lang und 3-4 cm breit, unregelmäßige Oberfläche mit Längsfurchen, leicht zugespitzte Form mit stumpfem Ende, recht dünnwandig, von Grün nach Rot abreifend

Geschmack: pikant würzig und knackig

Verwendung: Füllen, Braten, in Salaten, Saucen, Mojo Picante

Besonderheiten: Die Sorte wird auf den Kanaren auch 'Pimiento Pera' genannt. Aus dieser Chili wird dort der bekannte rote Dip „Mojo Picante“, auch „Mojo Picón” genannt, hergestellt. Dazu werden die Chilis mit Öl, Essig, Knoblauch und Gewürzen zu einer sämigen Sauce vermahlen. Es gibt unzählige Varianten dieses Dips, bei denen auch andere Chilis zum Einsatz kommen können.

'Poblano'

Schärfegrad: 3-4

Herkunft: Mexiko

Pflanze: mittelgroße, gut verzweigte Pflanze

Frucht: 10-12 cm lang und 4-5 cm breit, unregelmäßige, plattgedrückte Form, im unteren Bereich kräftige seitliche Dellen, glatte Oberfläche, seidig glänzend, wenige Samen, von Dunkelgrün nach Rot abreifend

Geschmack: im reifen, roten Zustand würziges Paprikaaroma, grün (so wird sie in Mexiko gegessen) eher herb und leicht bitter, Außenhaut zäh

Verwendung: traditionell grüne Früchte gegrillt und und enthäutet, Saucen, Dipp, Füllen

Besonderheiten: Die ´Poblano`, so nennt man sie frisch, ist eine der beliebtesten Chilis Mexikos. Sie findet gefüllt mit Hackfleisch im “Chiles en nogada” Verwendung, einem beliebten Nationalgericht.
Im getrockneten Zustand wird sie 'Ancho' genannt. Sie wird z.B. für “Mole Poblano”, einem saucenbasierten Eintopfgericht verwendet.

'Poinsettia'

Schärfegrad: 4

Herkunft: USA

Pflanze: mittelgroß, kompakt gebaut, Blätter langgestielt und schmal, gehäuft an den Enden der Triebe sitzend

Frucht: aufrecht, 5-6 cm lang und ca. 1 cm breit, schlank zugepitzt, leicht bis sehr stark gekrümmt, blumenstraußartig an den Enden der Triebe über den Blättern stehend, dünnwandig, viele Samen, von Grün nach Rot abreifend

Geschmack: süß und würzig zugleich

Verwendung: Trocknen, Pulverisieren, tolle Sorte für Ristras, schöne Zierchili für Beet und Balkon

Besonderheiten: ´Poinsettie` ist ein anderer Name für den bekannten Weihnachtsstern. Wegen der optischen Ähnlichkeit wurde diese Sorte nach der bekannten Zierpflanze benannt.

'Pulla'

Schärfegrad: 4-5

Herkunft: Mexiko

Pflanze: mittelgroß, aber nicht sehr kräftig gebaut, langgestielte Blüten und Blätter

Frucht: 8-10 cm lang bei nur ca. 1 cm Breite, hängend, sanft zugespitzt, dünnwandig, weiches Fruchtfleisch, viele Samen, von Grün nach Rot abreifend

Geschmack: fruchtig-würziges Aroma, getrocknete Chilis mit besonderem Aroma, das an Süßholz (Lakritz) erinnert

Verwendung: besonders gut zum Trocknen geeignet, anschließend Pulver- oder Chiliflockenherstellung zur Verwendung in pikanten Gerichten

Besonderheiten: Die dünnen Früchte dieser Sorte trocknen bereits an der Pflanze sehr gut und nehmen dann eine dunkle Farbe an.

'Purple Beauty'

Schärfegrad: 0

Herkunft: USA

Pflanze: mittlerer, für eine Gemüsepaprika kompakter Wuchs, sehr stabile Zweige und große, leicht wellige Blätter

Frucht: hängend, 7-9 cm lang und 5-7 cm breit, Blockpaprika-Form, dickfleischig, unreife Früchte spektakulär violett gefärbt, in Reife dunkelrot, teil mit violetten Bereichen, vereinzelt mit Korkstreifen

Geschmack: saftig, knackig, süß, klassisches Paprika-Aroma

Verwendung: Füllen, Braten, Grillen und Einlegen, diverse Schmorgerichte, Rohkost, als bunte Deko

Besonderheiten: Hierbei handelt es sich um eine äußerst dekorative und ergiebige Gemüsepaprika, die aufgrund ihres ungewöhnlichen Aussehens in keiner Hobby-Sammlung fehlen sollte.

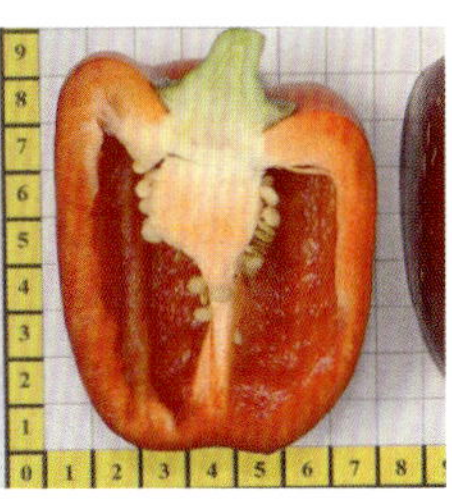

'Purrira'

Schärfegrad: 8

Herkunft: unbekannt

Pflanze: groß gewachsen, aber trotzdem dicht verzweigt, eher schmale Zweige, zierliche Blätter

Frucht: stehend, 3-4 cm lang und 1-1,5 cm breit, zapfenförmig, Oberfläche glatt und glänzend, Fruchtfleisch saftig, sehr viele Samen, reift ziemlich spät im Jahr, unreif gelblich, dann orange und zuletzt rot

Geschmack: würzig-fruchtig, leicht seifig

Verwendung: Saucen und Salsas, Trocknen

Besonderheiten: Da die Früchte erst im Spätsommer, teilweise Herbst reifen und die Sorte zudem wärmebedürftig ist, wird eine Kultur im Freiland direkt im Boden nicht empfohlen. Setzen sie die Pflanze in einen Topf an einem sonnigen Standort oder ins Gewächshaus, so ist eine wesentlich frühere Ernte garantiert.

'Rainforest'

Schärfegrad: 6-7

Herkunft: Brasilien

Pflanze: mittlere Höhe, breit und ausladend, schlanke Triebe, Blätter für eine *C. baccatum* ungewöhnlich klein, arttypische gelbe Blütenflecken

Frucht: hängend, ballon- bis glockenförmig mit mehr oder weniger stark ausgeprägten Rippen, die sich am Ende der Frucht teilweise zu zapfenartigen Erhebungen ausbilden, Oberfläche seidenmatt, dickwandig und festfleischig, Samen um die Mitte konzentriert, von Grün nach Rot abreifend

Geschmack: blumig-fruchtig, typisch *C. baccatum,* überaus knackig

Verwendung: fruchtige Saucen und Gerichte, Einlegen

Besonderheiten: Die eher dünnen Triebe werden vom hohen Fruchtgewicht stark belastet, was ein frühes Abstützen notwendig macht. Warum sie den Namen 'Rainforest' (Regenwald) trägt, bleibt unklar. Im Regenwaldgebiet Brasiliens werden viele verschiedene Chilisorten angebaut. Möglicherweise hat sie dort ihren Ursprung.

'Rawit'

Schärfegrad: 7

Herkunft: Indonesien

Pflanze: sehr groß, strauchartiger Wuchs, gut verzweigt, viel Laub, Blüten klein und langgestielt

Frucht: stehend, 5-6 cm lang und kaum 1 cm breit, leicht gekrümmt, glatte Oberfläche, dünnwandig, von Grün nach Rot abreifend

Geschmack: aromatisch und würzig, leicht seifig

Verwendung: Saucen, Sambals, Trocknen, Pulverherstellung, asiatische Gerichte

Besonderheiten: Diese *C. frutescens*-Sorte stellt die Standard-Chili Indonesiens dar. Dort ist sie sehr beliebt und vielseitig verwendbar in der asiatischen Küche. So lässt sich die Rawit besonders gut für ein scharfes Sambal verwenden, das zum Beispiel zum indonesischen Nationalgericht "Ayam Goreng" gereicht wird.

'Red Bhutlah'

Schärfegrad: 10+

Herkunft: Kanarische Inseln

Pflanze: groß gewachsen, stabile Triebe, große und breite Blätter

Frucht: hängend, 5-6 cm lang und 3-4 cm breit, runzelige Oberfläche, stark ausgeprägte Längsrippen, dazwischen teils tief eingebuchtet, Ende spitz zulaufend, dünnwandig, von Hellgrün in ein intensives Rot abreifend

Geschmack: intensives, stark fruchtiges *C. chinense*-Aroma, aufdringlicher Geruch

Verwendung: karibische, fruchtige Saucen und Gerichte, Trocknen, Würzen

Besonderheiten: Der Name dieser Sorte setzt sich aus den Eltern der Kreuzung, nämlich 'Bhut Jolokia' und 'Trinidad Doughlah' zusammen. Bei den sehr scharfen Eltern verwundert es nicht, dass es eine immens scharfe Hybride geworden ist.
Da die Züchtung noch ziemlich neu ist und es ihr entsprechend noch an Stabilität mangelt, kommen immer wieder Varietäten in Fruchtform und -farbe vor.

'Red Cherry'

Schärfegrad: 0

Herkunft: Ungarn

Pflanze: mittelgroß, breit, reichlich verzweigt, hat eher dünne Triebe

Frucht: hängend, ca. 3 cm im Durchmesser, rund bis leicht oval, am Ende mit "Zipfel", für die geringe Fruchtgröße ziemlich dickwandig, festfleischig, voller Samen, von Grün nach Rot abreifend

Geschmack: mildes, typisches *C. annuum*-Aroma

Verwendung: Rohkost, Salat, Gulasch, besonders gut zum Einlegen in Essig geeignet, ebenso schön zum Füllen mit Frischkäse

Besonderheiten: Die Pflanzen bringen reichlich kleine "Kirschen" hervor, die nicht nur dekorativ aussehen, sondern auch vielfältig in der Küche einsetzbar sind. Es gibt weitere, teilweise scharfe Varianten von Kirschchilis, die unter Namen wie 'Cascabel', 'Cherry Bomb', 'Cherry Sweet' oder 'Large Red Cherry' zu finden sind. Eine sehr interessante Sorte ist die 'Koral', die ebenfalls in diesem Buch vorgestellt wird.

'Ring of Fire'

Schärfegrad: 8

Herkunft: USA

Pflanze: mittlere Wuchshöhe, reichlich verzweigt, ausladende, dünne Triebe

Frucht: hängend, 7-9 cm lang, nur 1 cm breit, leicht bis stark gekrümmt, sehr dünnwandig, viele Samen, von Grün nach Rot abreifend

Geschmack: kräftiges, würziges Aroma, beißende Schärfe

Verwendung: die dünnen Chilis trocknen oft schon an der Pflanze, pulverisiert zum Würzen, in Saucen

Besonderheiten: Hierbei handelt es sich um eine besonders ertragreiche, verbesserte Variante der 'Cayenne'.
Der gleichnamige "Ring of Fire" ist eine Website, auf der um die 500 Homepages aus vielen verschiedenen Ländern zum Thema Chilis und scharfem Essen verlinkt sind.

'Rocoto Aji Largo'

Schärfegrad: 8

Herkunft: Ecuador

Pflanze: mittelhoch, sehr breit und ausladend, im Vergleich zu anderen *C. pubescens* wenig behaart, tiefviolette Blüte mit weißem Zentrum, oft mehr als eine Blüte pro Verzweigung

Frucht: hängend, 5-6 cm lang und 2-3 cm breit, langgezogene Form mit „Flaschenhals“ am Ansatz, Ende zugespitzt, wellige Oberfläche, Fruchtfleisch weich und saftig, tiefschwarze Samen

Geschmack: typischer, bei allen Rocotos wiederkehrender Geschmack, leicht fruchtig, an Paprika erinnernd, im Hals kratzende Schärfe, saftig und zart im Biss

Verwendung: Saucen, fruchtige Gerichte, zum Trocknen aufgrund der Saftigkeit weniger geeignet, im Dörrgerät aber möglich

Besonderheiten: Schon auf den ersten Blick unterscheidet sich ihre hübsche, schlanke Form deutlich von den anderen Rocotos. Unter diesen zählt sie ebenfalls zu den schärfsten Vertretern.

'Rocoto Brown'

C. pubescens

Schärfegrad: 5-6

Herkunft: Peru/Bolivien

Pflanze: mittlere Höhe, doppelt so breit wie hoch, extrem ausladend und früh verzweigt

Frucht: hängend, 5-6 cm lang und fast ebenso breit, abgerundete Blockform, oft mit Korkstreifen, dickfleischig, wenige schwarze Samen, von Grün nach Dunkelbraun abreifend

Geschmack: saftig, leicht fruchtig, dezent bis mild

Besonderheiten: Dies ist die einzige bisher bekannte braune Rocoto.

'Rocoto Canario'

C. pubescens

Schärfegrad: 8

Herkunft: Peru/Bolivien

Pflanze: mittlerer bis großer Strauch, ältere Triebe verholzend, Blätter und Stängel behaart, Blüten violett mit weißer Mitte

Frucht: 5-6 cm, hängend, blockige Form, Fruchtfleisch dick und saftig, wenige schwarze Samen, von Grün nach Orange abreifend

Geschmack: fruchtig und saftig, unangenehm kratzende Schärfe

Besonderheiten: Wie alle Rocotos möchte sie nicht zu sonnig und trocken stehen.

'Rocoto Costa Rican Red'

Schärfegrad: 7

Herkunft: Costa Rica

Pflanze: mittelgroß, breit ausladend, behaart

Frucht: hängend, 5-6 cm lang und 4-5 cm breit, kantig oval, mit feinen Korkstreifen, dickfleischig, wenige schwarze Samen, von Grün nach Rot abreifend

Geschmack: leicht fruchtig, nicht sehr intensiv, sehr saftig

Besonderheiten: Obwohl diese Rocoto nicht aus den Anden stammt, ist sie ähnlich robust wie andere *C. pubescens*-Sorten.

C. pubescens

'Rocoto Marlene'

Schärfegrad: 6

Herkunft: Kanaren

Pflanze: breiter Wuchs bei mittlerer Höhe, mäßig behaarte, kräftige Triebe, violette Blüte mit ziemlich großem weißem Zentrum

Frucht: hängend, fast rund, etwa 4-5 cm im Durchmesser, unreif grün, reif pfirsichfarben, teils dunkler orange schattiert, dickwandig, braune Samen

Geschmack: angenehmer Rocoto-Geschmack

Besonderheiten: Eine neu gezüchtete Sorte von Semillas auf La Palma.

'Rocoto Peron Rojo'

C. pubescens

Schärfegrad: 7-8

Herkunft: Peru/Bolivien

Pflanze: mittelgroß, um einiges breiter als hoch, ausladend, behaart, violette Blüte

Frucht: hängend, 6-8 cm lang, 4-5 cm breit, mehr oder weniger oval, etwas flachgedrückt, dickfleischig, schwarze Samen, von Grün nach Rot abreifend

Geschmack: saftig, leicht fruchtig, reizende Schärfe

Besonderheiten: 'Peron' heißt soviel wie „birnenförmig", 'Rojo' steht für die Farbe Rot.

'Rocoto Rio Huallaga'

C. pubescens

Schärfegrad: 7

Herkunft: Peru

Pflanze: mittlere Größe, ausladende Zweige, behaart, Blüte violett mit weißer Mitte

Frucht: 4-5 cm lang, ca. 3 cm breit, hängend, eiförmig mit „Flaschenhals", saftig, schwarze Samen, reift von Grün in Gelborange ab

Geschmack: leicht fruchtiger Paprikageschmack, zart im Biss, unangenehmes, langanhaltendes Brennen

Besonderheiten: Ungewöhnliche, dekorative Form

'Rocoto Riesen'

Schärfegrad: 5-6

Herkunft: Peru

Pflanze: große Pflanze, breiter und ausladender Wuchs, kräftige, rankenartige, behaarte Triebe und behaarte Blätter, Blüte hellviolett mit weißem Zentrum

Frucht: 5-7 cm hoch und fast ebenso breit, hängend, apfelförmig bis leicht quadratisch, mit charakteristischem, tiefem Nabel am Fruchtboden, unreif grün, bei viel Sonne mit dunkleren Schattierungen überzogen, reif rot, extrem dickwandig, schwarze Samen

Geschmack: Typisches Rocoto- Aroma; leicht fruchtig, kratzende Schärfe

Verwendung: Saucen, Einlegen, besonders gut für die Zubereitung eines „Rocoto Relleno“ (siehe Rezeptteil) geeignet

Besonderheiten: Das Gewicht und die Größe der Früchte sind wirklich beeindruckend.
Im Samenhandel sind mehrere, große Rocotos - vermutlich lokale Varietäten - erhältlich, die als 'Rocoto Riesen' oder 'Giant Rocoto' vertrieben werden. Dies kann letztlich dazu führen, dass die Pflanzen trotz gleichem Namen unterschiedlich ausfallen können.

'Rocoto San Isidro'

C. pubescens

Schärfegrad: 8

Herkunft: Kanarische Inseln

Pflanze: breit ausladend und früh verzweigt bei mittlerer Größe, behaart

Frucht: hängend, 5-6 cm lang und ca. 4 cm breit, plattgedrückt, oval mit kleinem "Flaschenhals", fleischig, wenige Samen, unreif grün mit dunklen Streifen, reif hellrot gefärbt

Geschmack: typisches Rocoto-Aroma, saftig

Besonderheiten: Die für eine Rocoto untypischen, sehr hellen Blüten sind ein optisches Highlight.

'Rocoto Yellow'

C. pubescens

Schärfegrad: 5-6

Herkunft: Peru, Bolivien

Pflanze: großer Wuchs, breit und ausladend, kräftig behaart

Frucht: hängend, bis zu 6 cm lang und 5 cm breit, oval, teilweise etwas eingedrückt, feine Korkstreifen, für Rocotos relativ dünnwandig, von Grün nach Gelb abreifend

Geschmack: typischer Rocoto-Geschmack, aushaltbare Schärfe

Besonderheiten: Einzige hellgelbe Rocoto, sieht fast wie eine Zitrone aus.

'Rubens'

Schärfegrad: 0

Herkunft: Italien

Pflanze: kräftiger Aufbau, wenig verzweigt, mittelgroß, große Blätter und Blüten

Frucht: hängend, 14-17 cm lang und 4-5 cm breit, Spitzpaprika mit Dellen und Längsfurchen auf der Oberfläche, am Stielansatz mit Wulst, dickwandig, viele Samen, von Grün nach Rot abreifend

Geschmack: süßer Paprikageschmack, sehr knackig und saftig

Verwendung: Rohkost, Salate, Füllen, Braten und Grillen

Besonderheiten: Diese italienische Paprika-Sorte überzeugt durch einen hohen Ertrag. Dazu ist sie sehr schmackhaft und vielseitig verwendbar.

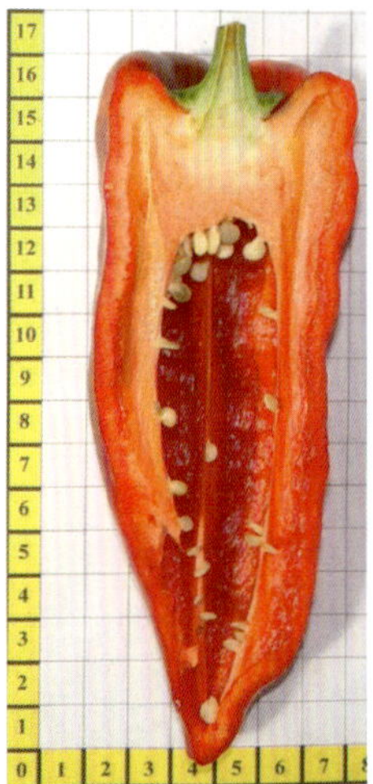

'Santos Flare'

Schärfegrad: 0

Herkunft: unbekannt

Pflanze: sehr klein und kompakt, buschig gewachsen, Blätter klein, schön dunkelgrün, Blüten kurzgestielt

Frucht: schräg aufrecht über den Blättern stehend, eine Art „Krone“ bildend, 5-6 cm lang, maximal 1 cm breit, gleichmäßig spitz zulaufend, leicht bis mittel stark gekrümmt, dünnwandig, von Cremeweiß über Hellgelb nach Orangegelb abreifend

Geschmack: süßes, fruchtiges Paprika- Aroma, köstlich

Verwendung: Zierpflanze, Früchte zum Naschen oder Trocknen

Besonderheiten: Zweifellos stellt diese Chili eine der tollsten Ziersorten für Zimmer, Balkon, Schalen- und Beetbepflanzungen dar. Sie stammt aus der Zuchtserie 'Santos' und kann als fertige Pflanze im Gartencenter erworben werden. Hat für eine Zierchilisorte einen außerordentlich guten Geschmack, absolut empfehlenswerte Sorte.

'Sara`s Green'

Schärfegrad: 10+

Herkunft: Kanarische Inseln

Pflanze: breite, mittelhohe Pflanze mit sehr kräftigen Trieben

Frucht: hängend, 3-4 cm lang und fast ebenso breit, ballon- bis lampionförmig, stark ausgebildete Längsrippen, am Ende leicht zugespitzt, für *C. chinense* verhältnismäßig dickwandig, weiches, gelbes Fruchtfleisch, wenige Samen, unreif grün, im Reifeprozess mit zunehmendem Gelbanteil, in Vollreife im oberen Drittel deutlich gelborange gefärbt

Geschmack: nicht so intensiv wie andere, sehr scharfe *C. chinense*, überraschend späte, dafür lang anhaltende Schärfe

Verwendung: Saucen, Trocknen, Pulverisieren

Besonderheiten: Diese äußerst produktive Neuzüchtung von Semillas ist aus einer 'Trinidad Scorpion' Variante hervor gegangen. Es gibt nicht viele Chilis, die auch reif annähernd grün bleiben.

'Scarlet Lantern Peru'

Schärfegrad: 9

Herkunft: Peru

Pflanze: kompakt, buschiger Wuchs, wächst in die Breite, Stängel violett überzogen, Blätter breit

Frucht: hängend, 3-4 cm lang und 2-3 cm breit, vielgestaltig, UFO- bis laternenförmig, bauchig, dünnwandig, unreif zunächst cremefarben bis grünlich mit violetten „Schultern", dann orange und in Vollreife rot

Geschmack: intensiv, exotisch, fruchtig

Verwendung: Saucen, Salsas, Trocknen, zur Pulverherstellung

Besonderheiten: Wegen ihres herrlichen Farbwechsels in den Reifestadien und den teils verlaufenden Farben zählt diese Sorte sicher zu den schönsten Chilis.

'Serrano del Sol'

Schärfegrad: 4

Herkunft: Mexiko

Pflanze: schmaler Wuchs, dünne Triebe, Blätter sowie die Stängel für eine *C. annuum* ungewöhnlicherweise behaart, mittlere Wuchshöhe

Frucht: 4-6 cm lang und 1,5-2 cm dick, hängend, relativ gleichmäßige Walzenform, stumpfes Ende, gelegentlich leicht gekrümmt, vereinzelte Korkstreifen, dickwandig, weichfleischig, viele Samen, von Grün nach Rot abreifend

Geschmack: süß und aromatisch, saftig und weich im Biss

Verwendung: Salsas und Saucen, Eintöpfe wie Chili con Carne (siehe Rezeptteil im Buch)

Besonderheiten: Die klassische 'Serrano' ist eine der beliebtesten Chilisorten in Mexiko mit langer Tradition. Bei der 'Serrano del Sol' handelt es sich um eine verbesserte F1-Hybride, die einen höheren und früheren Ertrag liefert und gegen viele Krankheiten resistent ist. Da es sich um eine F1-Sorte handelt, für die sortenreine Aussaat besser immer neues Saatgut kaufen.

'SHU Variegated'

Schärfegrad: 2

Herkunft: USA

Pflanze: klein gewachsen, sehr kompakt und buschig, unregelmäßig weiß panaschiertes Laub, manche Blätter und Zweige komplett weiß, Blätter und Blüten ziemlich klein

Frucht: stehend, 6-7 cm lang und kaum 1 cm breit, zugespitzt, leicht gekrümmt, dünnwandig, Früchte zunächst cremeweiß, in herrlichen Farbverläufen über Gelb und Orange nach Hellrot abreifend

Geschmack: aromatischer Peperonigeschmack

Verwendung: Früchte zum Einlegen und Trocknen, Salate, dekorative Zierpflanze

Besonderheiten: Diese Sorte zählt zu den schönsten Zierchilis überhaupt. Sie ist gleichermaßen gut für die Wohnung, den Balkon oder Blumenbeete geeignet. Leider ist sie selten erhältlich, stellt aber ein Highlight für jede Sammlung dar.
Das Kürzel "SHU" im Namen ist ein Tribut an die "Scoville Heat Units", also die Maßeinheit für die Schärfe einer Chili, wenngleich diese Sorte nicht sehr viel davon vorzuweisen hat.
Gelegentlich wird sie unter dem Namen ´Uchu Cream` geführt.

'Sibirischer Hauspaprika'

Schärfegrad: 6

Herkunft: Russland

Pflanze: klein bis mittelgroß, buschig gewachsen, gut verzweigt, zierliche Blätter und Triebe

Frucht: aufrecht über den Blättern stehend, etwa 3 cm lang und bis zu 1,5 cm breit, konisch geformt und oft etwas flachgedrückt, mit abgerundeter Spitze, dünnwandig, viele Samen, von Grün nach Rot abreifend

Geschmack: feuriges Paprikaaroma, leicht bitter, etwas zähes Fruchtfleisch

Verwendung: frisch oder getrocknet als Würze für allerlei Speisen, zur Herstellung von Chilipulver

Besonderheiten: Die Sibirische Hauspaprika wurde von den Bewohnern Zentralsibiriens gezüchtet, um in den dortigen kurzen Sommern Chilis ziehen zu können. Sie hat geringe Lichtansprüche, so dass sie auch auf dem heimischen Fensterbrett gut gedeiht. Außerdem trägt sie schnell reife Früchte. Auch im Freiland machen ihr Schlechtwetterperioden nicht so viel aus.

'Squash Pepper Orange'

Schärfegrad: 4

Herkunft: unbekannt

Pflanze: kräftige und locker verzweigte Pflanze von mittlerer Wuchshöhe

Frucht: hängend, 5-6 cm lang und 3-4 cm breit, blockige Form, unregelmäßig gefurcht, von Grün nach Orange abreifend

Geschmack: würzig, leicht fruchtig, sehr knackig, gutes Aroma, Schärfe kommt und geht schnell wieder, auf die Scheidewand (Plazenta) konzentriert

Verwendung: nach Entfernung der Plazenta kaum noch Schärfe, in diesem Fall wie eine Gemüsepaprika als Rohkost oder zum Füllen geeignet, Einlegen

Besonderheiten: Auf den ersten Blick könnte diese außergwöhnliche *C. annuum*-Sorte sicher mit einer Habanero verwechselt werden.
Äußerst delikate und vielseitig verwendbare Sorte unbekannter Herkunft.

'Sucette de Provence'

Schärfegrad: 4

Herkunft: Frankreich

Pflanze: mittlerer bis großer, weit oben verzweigter Strauch, Blüten und Blätter langgestielt

Frucht: hängend, 9-11 cm lang und etwa 1,5 cm breit, leicht gebogen, spitz zulaufend, viele Samen, von Grün nach Rot abreifend

Geschmack: leicht rauchig, würzig, sehr aromatisch

Verwendung: Klassiker der französischen Küche, gebraten, gegrillt, getrocknet oder zu pikanten Saucen

Besonderheiten: Diese Sorte hat ein excellentes Aroma und ist sehr ertragreich. „Sucette de Provence“ heißt übersetzt „Lutscher aus der Provence“ - vielleicht ja deshalb, weil sie so schmackhaft ist?

'Sweet Chocolate'

Schärfegrad: 0

Herkunft: USA

Pflanze: kräftig, aber wenig verzweigt, mittlere Wuchshöhe

Frucht: hängend, 9-12 cm lang und 4-5 cm breit, walzenförmig, am Ende meist zugespitzt, gelegentlich stumpf, dickwandig, rötlichbraunes, weiches Fruchtfleisch, viele Samen, von Grün in ein schönes Schokoladenbraun abreifend

Geschmack: süßer Paprikageschmack, aromatisch, saftig

Verwendung: tolle Gemüsepaprika, Rohkost, Salate, Füllen

Besonderheiten: Hierbei handelt es sich um eine früh reifende und wettertolerante, amerikanische Sorte, die durch ihre schöne Süße und die außergewöhnliche Farbe besticht.

'Tabasco'

Schärfegrad: 8

Herkunft: Mexiko

Pflanze: sehr groß, aufstrebender Wuchs, buschig verzweigter Strauch mit langgestielten Blüten

Frucht: stehend, 2,5-3,5 cm lang und ca. 0,5 cm breit, zugespitzt, dünnwandig, saftig und weichfleischig, viele Samen, von einem sehr hellen Grün über Gelbgrün nach Rot abreifend

Geschmack: ganz eigenes Aroma, süß, würzig, leicht seifig, saftig

Verwendung: besonders gut für die Weiterverarbeitung zu Saucen geeignet, Salsas und trotz ihrer Saftigkeit sogar zum Trocknen verwendbar

Besonderheiten: Die Sorte stammt urprünglich aus dem mexikanischen Bundesstaat Tabasco. Seit 1868 wird aus dieser Chili auf Avery Island, Louisiana, die weltbekannte „Tabasco"-Sauce hergestellt. Dazu werden die Chilis zermahlen, mit Salz vermischt und in Eichenholzfässern gereift. Anschließend wird diese Maische mit Essig vermischt. In der Kultur erweist sich die Sorte als pflegeleicht und ertragreich.

'Thai Dragon'

Schärfegrad: 7

Herkunft: Thailand

Pflanze: buschiger, feingliedriger Wuchs, mittelgroße Pflanze, Blüten mit violetten Staubfäden

Frucht: stehend, 6-8 cm lang, etwa 1 cm breit, spitz zulaufend, viele Samen, dünnwandig, von Grün nach Rot abreifend

Geschmack: würzig, typisches, leicht seifiges Thaichili-Aroma, schneidende Schärfe

Verwendung: Trocknen, pulverisiert oder frisch als Würze in asiatischen Gerichten, Einlegen

Besonderheiten: Der 'Thai Dragon' ist sehr beliebt in Thailand und auch in anderen asiatischen Ländern. In Thailand wird sie auch als "Prik" bezeichnet. Sie ist ertragreich und robust. Ob Trockenperiode oder Dauerregen, sie ist ausgepflanzt oder im Topf äußerst unproblematisch.
Die Sorte ist Hauptbestandteil des bekannten Thailändischen Chili Dip „Prik Nam Pla", der zu jedem Gericht der thailändischen Küche gereicht wird. Prik Nam Pla besteht hauptsächlich aus Thaichili (Prik) und Fischsauce (Nam Pla).

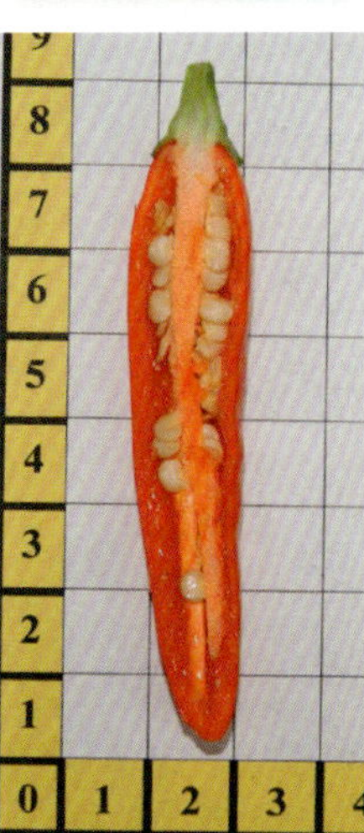

'Thai Hot Orange'

Schärfegrad: 6

Herkunft: Thailand

Pflanze: mittlere Höhe, breiter Wuchs, dünne Zweige reichlich verzweigt, zierliche Blätter

Frucht: aufrecht bis hängend, 6-7 cm lang, bis 1 cm breit, zugespitzte, schlanke Form, meist leicht gekrümmt, sehr dünnwandig, voller Samen, von Grün in ein intensives Orange abreifend

Geschmack: fruchtig-würziges Thai-Chili-Aroma

Verwendung: sehr gut zum Trocknen und zur Pulverherstellung, Einlegen oder in asiatischen Gerichten, besonders Curry

Besonderheiten: Hierbei handelt es sich um eine in Thailand sehr beliebte Sorte. Dort ist sie Bestandteil vieler Speisen. Ihre kräftige, orangene Farbe macht sie zu einer wirkungsvollen Zutat von Currys.
Auch bekannt als 'Thai Orange Hot', 'Thai Yellow Hot', 'Prik Thai Orange'. In Kultur glänzt die 'Thai Hot Orange' durch einen hohen Ertrag. Sie ist ebenfalls für das Freiland empfehlenswert.

'Thunder Mountain Longhorn'

Schärfegrad: 1-3

Herkunft: China

Pflanze: große, stark verzweigte Pflanze, große, langgestielte Blüten mit in der Regel 7 Blütenblättern

Frucht: die längsten Früchte überhaupt, bis 40 cm lang, dabei nie breiter als 1 cm, Oberfläche warzig-uneben, variable Krümmung, von annähernd gerade bis spiralförmig aufgerollt, sehr dünnwandig, voller Samen, von Grün nach Rot abreifend

Geschmack: angenehm, süß und würzig zugleich

Verwendung: Saucen, Grillen, besonders gut zum Trocknen und Räuchern geeignet

Besonderheiten: Aus der Provinz Guizhou nahe dem Berg Leigongshan (Donnerberg) kommt diese besondere *C. annuum*-Sorte. Zuerst werden die Früchte in der Sonne getrocknet, danach werden sie über Holzkohle geräuchert. So bekommen sie ihren einzigartigen Geschmack, für den sie in China so beliebt sind. In Kultur trocknen die Früchte nach ihrer Reifung bereits an der Pflanze, da sie sehr dünnwandig sind.

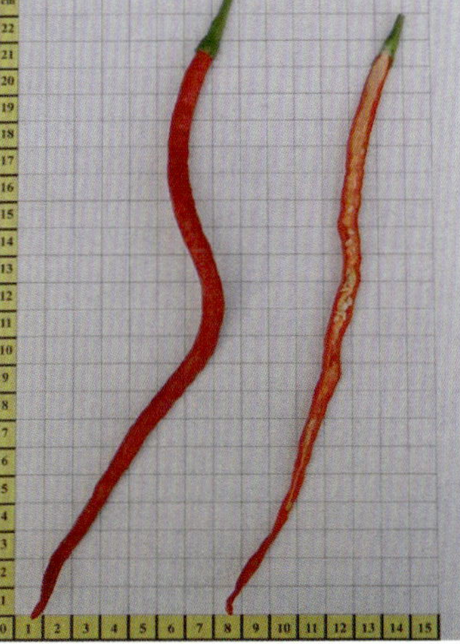

'Tommy'

Schärfegrad: 0

Herkunft: Ungarn

Pflanze: mittelgroß, sehr kräftige Triebe und stämmiger Wuchs

Frucht: an einem dicken, kurzen Stiel hängend, 4-5 cm hoch und 7-9 cm breit, ähnlich einer Fleischtomate mit tiefen Längsfurchen, sehr dickwandig, viele Samen direkt am Strunk, von Grün nach Rot abreifend

Geschmack: süß und geschmackvoll, knackig und saftig

Verwendung: vielseitig verwendbare Gemüsepaprika, Rohkost, Salat, Einlegen, Braten, Grillen oder Füllen

Besonderheiten: Mit ´Tommy` möchten wir eine besonders schöne und ertragreiche Sorte aus der Gruppe der Tomatenpaprika vorstellen. Dieses ungarische Fruchtgemüse erfreut sich hierzulande wachsender Beliebtheit und ist vereinzelt schon im Supermarkt zu finden, vor allem eingelegt in Essig. Darüber hinaus erhält man Jungpflanzen in vielen Gärtnereien und Gartencentern. Sehr ähnliche Sorten sind unter den Namen 'Topgirl' oder 'Paradeisfrüchtiger Paprika' erhältlich. 'Tommy' ist eine F1-Hybride und soll gegen Viruskrankheiten resistent sein.

'Tricolor Variegata'

Schärfegrad: 7

Herkunft: unbekannt

Pflanze: mittelgroße, wüchsige und reichverzweigte Pflanze, weiß-violette Blüte, Stängel teils dunkelpurpur, Blätter mehr oder weniger grün, lila und weiß panaschiert

Frucht: hängend, 2-3 cm lang und ca. 1,5 cm breit, eiförmig, dünnwandig, wenige Samen, unreif violett bis olivgrün, reif rot

Geschmack: recht wenig Eigengeschmack, klassisches Peperoni- Aroma

Verwendung: Pflanze als Dekoration, Früchte zum Trocknen und Würzen

Besonderheiten: Ihr buntes, panaschiertes Laub macht sie zu einer wunderschönen Sorte mit hohem Zierwert. Sie ähnelt etwas der 'Fish Pepper', bietet zusätzlich aber noch das purpurne Farbspektrum. Die Färbung des Laubes kann sehr unterschiedlich intensiv ausfallen und ist nach unseren Beobachtungen bei jungen Pflanzen am stärksten.

'Trinidad 7 Pot Douglah'

Schärfegrad: 10+

Herkunft: Trinidad

Pflanze: mittelgroß, gut verzweigt und kräftig

Frucht: hängend, ca. 4 cm lang und 3-4 cm breit, länglich ovale Grundform mit mehr oder weniger ausgeprägtem "Stachel", stark faltig mit runzeliger Oberfläche, dünnwandig, im Innern komplett mit dem gelben Plazentagewebe ausgekleidet, unreif grün, im oberen Drittel teils violett überhaucht, reif braun

Geschmack: sehr intensives, fruchtiges *C. chinense*-Aroma, unglaublich langanhaltende Schärfe

Verwendung: exotische Saucen und Salsas, zum Trocknen und Pulverisieren

Besonderheiten: Aktuell handelt es sich hierbei um die drittschärfste Chilisorte der Welt, wenn man sich nach dem gemessenen Spitzenwert von 1.853.936 SHU richtet. In der Verkostung merkt man allerdings kaum die geringen Unterschiede zu den 'Trinidad Scorpions' und zur 'Carolina Reaper'. Wenn man nicht allzu abgehärtet ist, fühlen sich alle ultrascharfen Chilis gleichermaßen brutal an.

'Trinidad Perfume'

Schärfegrad: 0-1

Herkunft: Trinidad

Pflanze: mittelgroß, breiter Wuchs, gute Verzweigung

Frucht: hängend, 4-5 cm lang und 2-3 cm breit, unregelmäßig eingedrückt, Ende zugespitzt, laternenförmig mit bauchiger Mitte, unreif grün mit hellgrüner Aderung, reif goldgelb und leicht transparent

Geschmack: fruchtig-süße Note mit einem leichten Beigeschmack von Zwiebeln und einem rauchigen Akzent

Verwendung: optimal als Rohkost, Garnieren, Salate, Trocknen

Besonderheiten: Diese Sorte ist nahezu ungeschlagen was die geschmacklichen Eigenschaften angeht. Hinzu kommt, dass sie fast überhaupt keine Schärfe mehr besitzt. So ist das unverwechselbare Trinidad-Flavour auch für Menschen genießbar, die bei anderen Karibik-Chilis aufgrund ihrer Schärfe bisher verzichten mussten.

C. chinense

'Trinidad Scorpion Butch T'

Schärfegrad: 10+

Herkunft: Australien

Pflanze: groß und sehr kräftig, gut verzweigt

Frucht: hängend, 4-5 cm lang und ca. 3 cm breit, variabel, meist drei "Lappen" mit sackartiger Grundform, aus der unten ein Stachel hervorgeht, Oberfläche runzelig, dünnwandig, wenige Samen, von Grün nach Rot abreifend

Geschmack: exotisch, sehr intensiv, fast penetrant, auch im Geruch, langsam aufbauende und langanhaltende, unerträgliche Schärfe

Verwendung: exotische Saucen und Gerichte, zum Trocknen

Besonderheiten: Im März 2011 wurde diese Sorte mit einem Durchnittswert von 1.463.700 SHU gemessen und als schärfste Chili der Welt ins Guinness-Buch der Rekorde eingetragen. Die Chili wurde vom Australier Neil Smith nach dem Amerikaner Butch Taylor benannt, von dem er ursprünglich das Saatgut erhalten und daraus die Weltrekordchili gezogen hat.

'Trinidad Scorpion Butch T Yellow'

C. chinense

Schärfegrad: 10+

Herkunft: Australien

Pflanze: mittelgroß

Frucht: hängend, ca. 4 cm lang und breit, leicht blockige Form, glattere Oberfläche als der rote Verwandte, gut ausgeprägter „Scorpionstachel", von Grün nach Gelb abreifend

Geschmack: intensives, exotisches Aroma

Besonderheiten: Die gelbe Form der 'Trinidad Scorpion Butch T' sieht sehr gut aus und ist fast ebenso scharf wie die rote.

'Trinidad Scorpion Moruga Chocolate'

C. chinense

Schärfegrad: 10+

Herkunft: Trinidad

Pflanze: mittelgroß

Frucht: hängend, 4-5 cm lang und ca. 4 cm breit, rund bis blockig, deutliche Längsrippen, selten mit Stachel versehen, runzelige Oberfläche, im Innern mit Plazentagewebe bedeckt, von Grün nach Schokoladenbraun abreifend

Geschmack: fruchtig und intensiv, leicht rauchig

Besonderheiten: Diese interessante Farbvariante begeistert mit extremer Schärfe und gutem Ertrag.

'Trinidad Scorpion Moruga'

Schärfegrad: 10+

Herkunft: Trinidad

Pflanze: kräftig und gut verzweigt, mittlerer bis großer Wuchs

Frucht: 4-5 cm lang und 3-4 cm breit, hängend, rundliche Grundform, runzelige Oberfläche, faltig, teils mit einem „Stachel“ ausgestattet, der aber deutlich stumpfer ausfällt als bei 'Trinidad Scorpion Butch T', dünnwandig, das schärfegebende Plazentagewebe kleidet das Innere komplett aus, von Grün nach Rot abreifend

Geschmack: sehr intensives und aufdringliches *C. chinense*-Aroma, langanhaltende Schärfe

Verwendung: Trocknen und Pulverherstellung, fruchtige Saucen

Besonderheiten: Im Jahre 2012 wurden bei dieser Sorte Spitzenwerte von 2.009.231 SHU gemessen, so dass sie als schärfste Chili der Welt ausgezeichnet wurde. Tatsächlich liegt Ihre Durchschnittsschärfe, die so genannte „mean heat“ allerdings bei „nur“ 1.207.764 SHU. Das ist zwar immer noch sehr beeindruckend, aber weniger als die 'Trinidad Scorpion Butch T' erreicht hat.

'Turuncu Spiral'

Schärfegrad: 7

Herkunft: Türkei

Pflanze: mittelgroß, nur mäßig verzweigt, gut belaubt

Frucht: hängend, bis 13 cm lang, ca. 1,5 cm breit, schlank, zugespitzt, Cayenne-Typ, leicht bis stark gekrümmt, manchmal spiralförmig gedreht, dünnwandig, viele Samen, von Grün nach Orange abreifend

Geschmack: exzellent süßer Geschmack mit einer fruchtigen Note

Verwendung: Einlegen, Trocknen und Pulverisieren

Besonderheiten: Diese frühe und recht produktive *C. annuum*-Sorte sollte in keiner Sammlung fehlen. „Turuncu" bedeutet übersetzt aus dem Türkischen „orange".

'Vuurbol'

Schärfegrad: 8

Herkunft: Niederlande

Pflanze: mittelgroß, kompakt und buschig, etagenförmiger Aufbau, ziemlich kleine Blätter

Frucht: aufrecht an kurzen Stielen über dem Blattwerk stehend, 1-1,5 cm im Durchmesser, rund, glatt, festfleischig, voller Samen, von Grün nach Rot abreifend

Geschmack: würzig und aromatisch

Verwendung: wunderbar zum Trocknen, anschließend pulverisiert oder auch frisch zum Würzen, Einlegen

Besonderheiten: Der Sortenname bedeutet Feuerball oder Meteorit, was auf die dekorative runde Fruchtform anspielt.
'Vuurbol' ist eine sehr rare und deshalb auch begehrenswerte Sorte.

'Westindian Yellow Habanero'

Schärfegrad: 10

Herkunft: Karibik

Pflanze: kräftig, gut verzweigt, buschig, mittlere Höhe, in die Breite gehend

Frucht: 4-5 cm lang und 3-4 cm breit, hängend, blockige Form mit dicken Längsrippen, wachsartige Oberfläche, dünnwandig, wenige Samen, von Hellgrün nach Goldgelb abreifend

Geschmack: süß, besonders fruchtig und aromatisch

Verwendung: verleiht exotischen Saucen und Gerichten eine wunderbare karibische Note, besonders für die Karibiksoße (siehe Rezeptteil) zu empfehlen

Besonderheiten: Vielleicht stellt diese Sorte geschmacklich die beste *C. chinense* überhaupt dar. Überdies ist sie sehr ertragreich.
"Westindien" ist eine alte Bezeichnung für die Karibik, woher diese Sorte stammt.

Bezugsquellen

Chili Food
Riesiges Chili-Produktsortiment sowie Saatgut von über 700 Sorten
www.chili-shop24.de

Scovilla
Hunderte Artikel wie Saucen, Hot Food, Pulver und Samen
www.scovilla.com

Semillas La Palma
Onlineshop mit dem größten Sortiment an Chili- und Paprika-Samen, hat über 700 Sorten und Arten im Angebot.
www.semillas.de

Chilipflanzen
Chili-Gärtnerei von Alexander Hicks, Große Vielfalt an Samen und Pflanzen in Bio-Qualität
www.chilipflanzen.com/shop/

Chilifee
Erhält alte Kultursorten, Samen von rund 470 Chili- und 80 Paprikasorten im Angebot
www.chilifee.de

Pepperworld
Website mit vielen Informationen rund ums Thema Chili & Co.
www.pepperworld.com
Saatgut, Jungpflanzen, Saucen und mehr gibt es im dazu gehörigen Onlineshop, dem Pepperworldhotshop: www.pepperworldhotshop.com

Fataliiseeds
Finnische Seite mit gutem Samensortiment, Zubehör und Infos
www.fataliiseeds.net

Nuetzlinge
Bezugsquelle für Nützlinge zur Schädlingsbekämpfung
www.nuetzlinge-shop.de

Nützliche Adressen

The Ring of Fire
Eine Verlinkung von Hunderten Websites, die sich mit dem Thema Chili beschäftigen (Pflanzen, Kochen, Saucen, Foren, Vereine)
www.ringoffire.net

Chile Pepper Institute
Das renomierte Chili-Institut der New Mexican State University, mit eigenem Onlineshop (Kein Versand nach Deutschland!)
cpi.nmsu.edu

Arche Noah
Verein zum Erhalt seltener und alter Kulturpflanzen, schöne Auswahl an Paprika-Samen
www.arche-noah.at

Seed Savers Exchange
Amerikanische Organisation zur Erhaltung alter Nutzpflanzensorten. Bietet im Onlineshop über 50 *Capsicum*-Sorten an. (Kein Versand nach Deutschland!)
www.seedsavers.org

VEN
Eingetragener Verein zur Erhaltung der Nutzpflanzenvielfalt
www.nutzpflanzenvielfalt.de

Danksagung

Wir möchten uns bei der Leitung des Botanischen Gartens Bochum bedanken, Prof. Dr. Thomas Stützel und Frau Marilies To-Sanguang, für die Möglichkeit dieses Buchprojekt auch im Rahmen unserer Arbeit praktisch realisieren zu können.
Weitergehend bei allen Kolleginnen und Kollegen, die uns bei dem Projekt unterstützt und geholfen haben. Bettina und Torsten Ulmer vom Formosa Verlag möchten für eine großartige Zusammenarbeit danken. Außerdem Freunden und Bekannten, die uns mit Saat, Jungpflanzen und Tat unterstützt haben, sowie bei unseren Familien.

Jan Rasche
Jan und Timo Riering

Bildquellenverzeichnis

Bei den nachfolgenden Pflanzenliebhabern möchten wir uns für die beigesteuerten Fotos bedanken:

Seite 7: Björn Seeger genannt Dütemeyer
Seite 18: Wilma El Daly
Seite 20, 32: Philip Scholl
Seite 21, Umschlagrückseite: Sönke Haas
Seite 43: Klaus Dieter Kaufmann
Seite 71 oben, 73: Stephan Clausen
Seite 240: Stephan Ranzinger

Sonstige Bildquellen:

Seite 9: Wikimedia Commons

Jan Riering und Timo Riering:

Die Zwillingsbrüder Jan und Timo Riering wurden 1993 in Recklinghausen geboren. Ihre Ausbildung zum Zierpflanzengärtner absolvierten beide 2014 im Botanischen Garten Bochum. Dort wurden sie das erste Mal auf die ganze Vielfalt der Chilis aufmerksam und widmeten sich auch im privaten Bereich ihrer neuen Leidenschaft. Jan erwarb 2018 den Titel "Gärtnermeister" und arbeitet seit 2020 im Botanischen Garten der Universität Duisburg-Essen. Timo hat 2017 seinen Gärtnermeister gemacht und arbeitet seit 2020 im Palmengarten Frankfurt.

Jan Rasche:

Jan Rasche, Jahrgang 1980, begann 2000 seine Ausbildung zum Zierpflanzengärtner im Botanischen Garten Bochum. Nach seiner Ausbildung arbeitete er im Warmhaus Bereich (Orchideen/Tropenhaus). Seit 2006 betreut er das Kalthausrevier. Auf Reisen entdeckte er die Vielfalt der Chilis und begann eine Sammlung aufzubauen, die Grundlage für dieses Buch wurde. Mittlerweile findet im Botanischen Garten eine jährliche Chili-Ausstellung statt.

Unter www.facebook.com/ChiliundPaprika können Sie sich mit den Autoren austauschen.

Quickfinder Schärfe

Wie weit sind Sie bereit zu gehen?

Schärfegrad 0

´Aconcagua` S. 91

´Aji de Sazonar` S. 96

´Beros` S. 108

´California Wonder Gold` S. 120

´Caloro` S. 121

´Chilcostle` S. 130

´Chile de Onza` S. 131

´Chocolate Mini Bell` S. 132

´Corno di Torro Giallo`
S. 135

´Doux d'Espagne`
S. 143

´Doux tres Long des Landes` S. 144

´Florines`
S. 153

´Gipsy`
S. 156

´Grueso de Plaza`
S. 158

´Jalapeño Conchos`
SG. 0-1 S. 165

´Jimmy Nardello's`
S. 170

´Nocturne`
S. 186

´Petit Marseillaise`
S. 194

´Pimento Blanco`
S. 197

´Pimiento de Padron`
SG. 0-5 S. 91

´Purple Beauty`
S. 203

´Red Cherry`
S. 208

´Rubens`
S. 216

´Santos Flare`
S. 217

´Sweet Chocolate`
S. 225

´Tommy`
S. 230

´Trinidad Perfume`
SG. 0-1 S. 233

Capsicum lanceolatum
S. 27

Capsicum rhomboideum S. 29

Schärfegrad 1

´Aji White Fantasy`
SG. 1-2 S. 103

´Alma Paprika`
SG. 1-2 S. 104

´Biberiye`
SG. 1-2 S. 111

´Chilaca`
SG. 1-2 S. 129

´Nepalese Bell`
SG. 1-2 S. 185

´Thunder Mountain Longhorn` SG.1-3 S. 229

Schärfegrad 2

´Aji Santa Cruz`
SG. 2-3 S. 101

´Gorria`
SG. 2-3 S. 157

´Habanero El Remo`
S. 160

´NuMex Sandia`
S. 187

´Pimiento Picon`
SG. 2-3 S. 199

´SHU Variegated`
S. 221

Schärfegrad 3

´Aji Angelo`
SG. 3-4 S. 93

´Georgia Flame`
SG. 3-4 S. 155

´Jalapeño Purple`
SG. 3-4 S. 165

´Ovetti`
S. 190

´Poblano`
SG. 3-4 S. 200

Schärfegrad 4

´Aji Ecuadorian Orange` S. 97

´Aji Little Finger Orange` S. 98

´Bishops Crown` SG. 4-5 S. 112

´Elefantenrüssel` S. 148

´Kondom Paprika` SG. 4-5 S. 173

´Minilil` S. 182

´Poinsettia` S. 201

´Pulla` SG. 4-5 S. 202

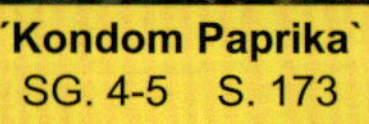

´Serrano del Sol` S. 220

´Squash Pepper Orange` S. 223

´Sucette de Provence` S. 224

Capsicum eximium S. 25

Schärfegrad 5

´Aji Amarillo`
S. 92

´Aji Norteno`
SG. 5-6 S. 99

´Black Prince`
S. 113

´Brazilian Starfish`
SG. 5-6 S. 117

´Criolla Sella`
S. 136

´Cyclon`
S. 137

´Dedo de Moca`
S. 139

´Ethiopian Fire`
S. 149

´Fish Pepper`
S. 152

´Jalapeño`
SG. 4-6 S. 164

´Rocoto Brown`
SG. 5-6 S. 211

´Rocoto Riesen`
SG. 5-6 S. 214

´Rocoto Yellow`
SG. 5-6 S. 215

Schärfegrad 6

´Aji Omnicolor`
S. 100

´Aji Tapachula`
S. 102

´Barro do Ribeiro`
S. 106

´Bolivar de Minas Gerais` S. 114

´Cayenne Yellow`
SG. 6-7 S. 124

´Chupetinho`
SG. 6-7 S. 133

´Ecuador Purple`
S. 146

´Joe's Long Cayenne`
S. 171

´Koral`
S. 174

´Masquerade`
SG. 6-7 S. 180

´NuMex Twilight`
S. 188

´Peter Pepper`
S. 190

´Rainforest`
SG. 6-7 S. 205

´Rocoto Marlene`
S. 212

´Sibirischer Haus-paprika` S. 222

´Thai Hot Orange`
S. 228

C. baccatum **var.** ***baccatum*** SG. 6-7 S. 23

Schärfegrad 7

´Aji Cochabamba Hot`
S. 95

´Beni Highland`
S. 107

´Broome Pepper`
S. 118

´Bulgarian Carrot`
S. 119

´Charleston Hot`
S. 126

´De Arbol`
S. 138

´Demon Red`
S. 140

´Dundicut`
S.145

´Ecuadorian Brown`
SG. 7-8 S. 147

´Lotha Bih`
S. 177

´Malagueta`
SG. 7-8 S. 179

´Pequin Firecracker`
SG. 7-8 S. 191

´Rawit`
S. 206

´Rocoto Costa Rican Red` S. 212

´Rocoto Peron Rojo`
SG. 7-8 S. 213

´Rocoto Rio Huallaga`
S. 213

´Thai Dragon`
S. 227

´Tricolor Variegata`
S. 231

´Turuncu Spiral`
S. 237

C. annuum var. *glabri-usculum* S. 22

C. galapagoense
S. 26

C. praetermissum
S. 28

Schärfegrad 8

´Aji Charapita`
S. 94

´Bonsaichili`
S. 116

´Cayenne`
S. 125

´Cobanero Teardrop`
S. 134

´Hot Paper Lantern`
SG. 8-9 S. 162

´Inca Berry`
S. 163

´Jamaican Hot Yellow`
S. 167

´Kitchen Pepper Peach` S. 172

´Lemon Drop`
S. 175

´Limon`
S. 176

´Purrira`
S. 204

´Ring of Fire`
S. 209

´Rocoto Aji Largo`
S. 210

´Rocoto Canario`
S. 211

´Rocoto San Isidro`
S. 215

´Scarlet Lantern Peru`
S.219

´Tabasco`
S. 226

´Vuurbol`
S. 238

C. chacoense
S. 24

Schärfegrad 9

´Aribibi Gusano`
S. 105

´Carioca`
S. 122

´Cheiro Roxa`
S. 127

´Fatalii White`
S. 151

´Foodorama Scotch Bonnet` S. 154

´Jelly Bean` S. 169

´Maya Pimiento` S. 181

´Orange Lantern` S. 189

´Peruvian Long Brown` S. 192

´Pimienta Moranga` S. 196

Schärfegrad 10

´Bolivian Bumpy` S. 115

´Chiclayo` S. 128

´Devil's Tongue Yellow` S. 141

´Fatalii` S. 150

´Habanero Orange` S. 159

´Habanero Chocolate` S. 160

´Habanero Hot Lemon` S. 161

´Habanero Red Savina` S. 161

´Dorset Naga`
S. 142

´Jay's Peach Ghost Scorpion` S. 168

´Naga Viper`
S. 183

´Red Bhutlah`
S. 207

´Sara's Green`
S. 218

´Trinidad 7 Pot Douglah` S. 232

´Trinidad Scorpion Butch T` S. 234

´Trinidad Scorpion Butch T Yellow` S.235

´Trinidad Scorpion Moruga Chocolate` S. 235

´Trinidad Scorpion Moruga` S. 236

´Jamaican Scotch Bonnet Long` S. 166

´Madame Jeanette` S. 178

´Nagabon` S. 184

´Pimenta de Neyde` S. 195

´Westindian Yellow Habanero` S. 239

Schärfegrad 10+

´7 Pot` S. 88

´7 Pot Bubblegum` S. 89

´7 Pot White` S. 90

´Bhut Jolokia` S. 109

´Bhut Jolokia Chocolate` S. 110

´Bhut Jolokia Rust` S. 110

´Carolina Reaper` S. 123

´Carolina Reaper Yellow` S. 124